Sadiq Khan, *Atmen*

Sir Sadiq Khan, 1970 als Sohn pakistanischer Einwanderer in London geboren und aufgewachsen, ist seit 2016 Bürgermeister von London. Er studierte Jura an der University of North London und arbeitete anschließend als Menschenrechtsanwalt, bevor er 2005 als Mitglied der Labour-Partei ins Parlament gewählt wurde. Khan hat es sich zum Ziel gesetzt, London zu einer grünen Metropole zu machen.

Sadiq Khan

Atmen

Wege in eine grünere Welt

*

Aus dem Englischen
von Katja Karau

Alexander Verlag Berlin

Zur besseren Lesbarkeit wird meist das generische Maskulinum verwendet. Die verwendeten Personenbezeichnungen beziehen sich auf alle Geschlechter.

Alexander Verlag Berlin –
unabhängiger Verlag seit 1983

Deutsche Erstausgabe

Alexander Wewerka, Fredericiastr. 8, D-14050 Berlin
info@alexander-verlag.com · www.alexander-verlag.com

Die englische Originalausgabe erschien 2023 bei Hutchinson Heinemann unter dem Titel *Breathe – How to Win a Greener World*

Lektorat: Christin Heinrichs-Lauer
Satz und Umschlaggestaltung: Antje Wewerka
Coverabbildung: London Atmospheric Emissions Inventory 2013
ISBN 978-3-89581-645-1
Druck und Bindung: Jelgavas Tipografija, Latvia
Printed in the EU (January) 2026

Für Anisah und Ammarah

Inhalt

Vorwort

Ellas Geschichte

Ich bin für London ins Rennen gegangen, bevor ich tatsächlich für London angetreten bin.

Es war im Sommer 2011, als ich David Cohen, einen Journalisten des *Evening Standard*, eingeladen hatte, mich in meinem Wahlkreisbüro in Tooting Bec im Süden Londons zu besuchen. Wenige Wochen zuvor hatte der Tod von Mark Duggan durch eine Polizeikugel in Tottenham zu Krawallen geführt, die sich bald darauf auf andere Londoner Stadtteile und schließlich auf das ganze Land ausweiteten. David schrieb gerade eine Artikelserie über die Unruhen und war sehr an meiner Sicht als Londoner Parlamentsabgeordneter interessiert.

Für einen Teil des Interviews wollten wir nach Battersea fahren, wo einige der Ausschreitungen stattgefunden hatten. Um den Bus noch zu erreichen, mussten wir eine ziemliche Strecke im Laufschritt zurücklegen. Als wir keuchend im Oberdeck saßen, gratulierten wir uns gegenseitig dazu, ihn als Väter mittleren Alters noch erwischt zu haben. Ich erfuhr, dass David regelmäßig Marathons lief. Es war eine seiner Möglichkeiten, dem *Evening Standard* dabei zu helfen, Geld für dessen *Dispossessed Fund* zu sammeln, mit dem bedürftige Menschen aus dem gesamten Hauptstadtgebiet unterstützt wurden.

Wir blieben in Kontakt und Anfang 2014 meldete sich David bei mir, um mir mitzuteilen, dass die Zeitung versucht hätte, den damaligen Labour-Abgeordneten und Schattenkanzler Ed Balls dafür zu gewinnen, beim London-Marathon für den *Dispossessed Fund* an den Start zu gehen. Doch Ed hatte bereits versprochen, für *Action for Stammering Children** und *Whizz Kids*** anzutreten. Also hatte er meinen Namen als mögliche Alternative vorgeschlagen, weil ich inzwischen in neuer Funktion als Schattenminister für London tätig war. Als David unseren gemeinsamen Sprint zum Bus in Tooting ins Spiel brachte, begriff ich, worauf das Gespräch hinauslief.

»Haben Sie ein Alibi?« Diese Frage, die ich in meinem früheren Berufsleben als Anwalt Dutzende Male gestellt hatte, wurde nun an mich gerichtet.

Ich versuchte es mit ein paar Ausreden: »Ich bin kein Läufer«, »Ich hab nicht die richtige Ausrüstung«, »42,195 Kilometer sind eine sehr lange Strecke.« Aber David überzeugte das alles nicht. Zu meiner Überraschung schaltete sich auch meine Frau Saadiya ein, die noch als Strafverteidigerin arbeitete und daher großes Vergnügen daran fand, mir die Alibifrage zu stellen. Auch sie versuchte mich zu überreden, an den Start zu gehen, wobei sie an meinen Wettkampfgeist appellierte: Wenn Ed Balls einen Marathon laufen konnte, müsste ich das doch sicherlich auch schaffen, oder?

Als schließlich mein politischer Berater Jack Stenner und meine Büroleiterin Ali Picton Wind von der Sache bekamen, spitzte sich die Situation weiter zu. Sie waren ebenfalls begeistert von der Idee. Zum Teil, so vermutete ich, weil sie dann während meines Trainings ein paar Stunden von meinen Textnachrichten verschont würden. Aber zum Teil auch deshalb, weil sie mich dazu drängten, bei einem wesentlich längeren Rennen anzutreten – und zwar als Kandidat der Labour-Partei bei den anste-

---

* *Action for Stammering Children*: britische Wohltätigkeitsorganisation, die sich um die Belange stotternder Kinder und junger Menschen kümmert (Anm. d. Ü.).

** *Whizz Kids*: laut Eigendarstellung Großbritanniens führende Wohltätigkeitsorganisation für junge Rollstuhlfahrer (Anm. d. Ü.).

henden Bürgermeisterwahlen in London. Sie wussten, dass die Chefredakteurin des *Evening Standard*, Sarah Sands, der Parlamentsabgeordneten, die als Favoritin für die Labour-Kandidatur galt, sehr nahestand: meine Kollegin und Freundin Tessa Jowell.

Jede Möglichkeit, noch einen Schritt weiter zu gehen (das Wortspiel war schon damals unerträglich), um meine Beziehung zur Zeitung auszubauen, war von unschätzbarem Wert. Hinzu kam, dass Ali den London-Marathon bereits mehrfach gelaufen und diesbezüglich enthusiastisch war. Also nahm sie sich an Saadiyas Rhetorik ein Beispiel und fragte: Wenn sie einen Marathon laufen könne, dann würde ich das doch sicherlich auch hinbekommen, oder etwa nicht?

Letzen Endes ließ ich mich erweichen. Schließlich war ich halbwegs in Form, dachte ich. Mit einer Gruppe von Freunden spielte ich jeden Sonntag Fußball. Nur meiner Schwäche für *Snickers*-Schokoriegel gab ich gelegentlich zu sehr nach. Wie schwierig konnte das schon sein? Ich versuchte, es nicht als Beleidigung aufzufassen, wie rasend schnell sich jedermanns Begeisterung über meine Marathonteilnahme in Sorge um meinen Gesundheitszustand wandelte, sobald ich ihnen mitgeteilt hatte, ich könnte es tatsächlich wagen. Mein Freund Tom Coffey, örtlicher Allgemeinarzt und Marathonläufer der Extraklasse, erhielt strikte Anweisungen, mich gründlich zu untersuchen und mein Training genauestens im Blick zu behalten, damit ich nicht versehentlich das Zeitliche segnete.

An einem kalten Sonntagmorgen im Februar, siebzig Tage vor dem Rennen, schnürte ich meine Laufschuhe und brach zu meinem ersten Vorbereitungslauf für den Marathon auf. Da ich spät ins Training eingestiegen war, unterlag ich einem strengen Zeitplan. Umso besorgniserregender war es festzustellen, dass ich nicht ganz so fit war, wie ich es mir eingebildet hatte. Schon nach zwei, drei Kilometern fühlte ich mich furchtbar und war überzeugt, sofort anhalten zu müssen, um mich zu übergeben – kein Anblick, den man als örtlicher Parlamentsabgeordneter der

Öffentlichkeit bieten möchte. Nach etwa einer halben Stunde jedoch hatte ich das Gefühl, langsam in einen Rhythmus zu kommen. Nach ein paar Runden durch den Park von Tooting war ich ziemlich stolz auf mich, dass ich gut elf Kilometer zurückgelegt hatte. Viel mehr, als ich erwartet hatte.

Doch meine Selbstgefälligkeit war nur von kurzer Dauer. Die Schmerzen, die ich am nächsten Tag aushalten musste, kann ich gar nicht beschreiben. Ich humpelte durchs Parlamentsgebäude und versuchte, meinen Muskelkater und mein Hinken vor anderen Abgeordneten zu verbergen, denen ich bis dahin noch nichts von meinem neuen Projekt erzählt hatte. Normalerweise brauchte ich zu Fuß gut fünf Minuten für den Weg von meinem Abgeordnetenbüro zur Kammer des Unterhauses, wohin ich mehrmals täglich zur Abstimmung musste. Ich war daher in höchster Alarmbereitschaft, was das Ertönen der Abstimmungsglocken anging, die acht Minuten lang im gesamten Parlamentsgebäude läuten, bevor die Türen zu den Stimmabgabelobbys geschlossen werden. Ich war mir nicht immer sicher, dass ich es rechtzeitig schaffen würde.

Ed Balls war nicht mein einziger Konkurrent im Westminster-Palast. 2014 plante eine Rekordzahl von Abgeordneten, am London-Marathon teilzunehmen – wir waren zu acht –, und die Hälfte davon saß im Schattenkabinett: Ed, Andy Burnham, Schattengesundheitsminister; Jim Murphy, Schattenminister für Internationale Entwicklung (der später verletzungsbedingt ausstieg); und ich. Für Ed war es der dritte Marathon und ich wusste bereits aus Erfahrung, dass er ein paar Wochen vor dem Lauf unausstehlich sein würde: Man würde von ihm nichts anderes mehr zu hören bekommen. Ich selbst hielt mich hinsichtlich meiner Entscheidung bewusst bedeckt für den Fall, dass ich doch noch einen Rückzieher machte. Dann wäre es peinlich gewesen, wenn alle davon gewusst hätten.

Zu meinem Entsetzen verkündete Ed nur eine Woche, nachdem ich mit dem Training begonnen hatte, bei einem brechend vollen Wohltätigkeitsdinner der Labour-Partei nicht nur, dass er (erneut) am Marathon teilnehmen würde, sondern auch, dass ich mich ihm anschließen würde. Offensichtlich schienen die Leute das Ganze für einen Witz zu halten, denn dafür erntete Ed in seiner Ansprache die meisten Lacher. Das trug nicht gerade dazu bei, mein Selbstvertrauen zu stärken.

Auch wenn ich es ihm gegenüber nicht zugeben mochte (denn dann wäre er unausstehlich gewesen), halfen mir seine Ratschläge sehr, und nach wenigen Wochen lief das Training wirklich gut. Ich hatte die richtige Ausrüstung, gute Laufschuhe und dazu eine motivierende Playlist mit Meisterwerken von *Eye of the Tiger* bis hin zur *Rocky*-Titelmusik. Nach meinen Trainingseinheiten schrieb ich oft Textnachrichten an Jack, Ali und meinen politischen Berater Dr. Nick Bowes, da ich vor Ideen nur so sprudelte, die mir während des Laufens in den Sinn gekommen waren. So viel zum Thema, dass sie durch den Marathon von meinen Nachrichten verschont bleiben würden.

Ehe ich michs versah, war der Tag des Rennens gekommen. Als ich mit David und den anderen *Evening-Standard*-Läufern im Greenwich Park an der Startlinie stand, war ich nervöser als an sämtlichen Wahlabenden, die ich bis dahin erlebt hatte. Unsere Taschen waren in einem Lkw verstaut, der sie zur Ziellinie bringen würde, und mein Telefon übergab ich an Ali, die in diesem Augenblick die einzige Person war, die noch mehr Angst hatte als ich.

Und dann ging's los.

Trotz der Schmerzen war der Marathonlauf für mich eine gewinnbringende Erfahrung. Als wir die Themse erreichten und uns um die *Cutty Sark** herumfädelten, habe ich das zwar

---

* Die *Cutty Sark* ist ein 1869 fertig gestelltes englisches Frachtschiff, das eines der schnellsten Segelschiffe seiner Zeit war und heute in einem speziellen Trockendock in Greenwich als Museumsschiff besichtigt werden kann (Anm. d. Ü., Quelle: Wikipedia).

nicht wirklich genossen, aber zumindest ansatzweise nachvollziehen können, warum das möglich ist. Wann immer man das Gefühl hat, nicht weiterlaufen zu können, wird man vom Jubel der Menge getragen. Als mir auffiel, dass die Menschen auf jedem Kilometer des Rennens meinen Namen riefen, war ich zwischenzeitlich kurz auf einem Egotrip – offensichtlich hatte meine Profilbildung besser funktioniert, als ich dachte –, bis ich begriff, dass sie das bei allen taten, indem sie die Namen von den T-Shirts ablasen.

Ungefähr ab Kilometer 24 begannen meine Knie wehzutun, aber das Adrenalin sorgte dafür, dass ich weiterlaufen konnte. Ich war entschlossen, nicht nur bis zum Ende durchzuhalten, sondern auch keinen Teil der Strecke gehend zurückzulegen. Doch bei Kilometer 37 war ich weiter gelaufen als jemals zuvor und hatte wirklich zu kämpfen. Unter den Stimmen, die mich anfeuerten, war eine, die eindeutig den näselnden Klang des Nordens hatte und die mir bekannt vorkam, als sie »Weiter so, Sadiq!« rief. Ich hatte nicht die Kraft mich umzudrehen – aber da tippte mir jemand auf die Schulter und begann, an meiner Seite zu laufen: mein Freund Ben Johnson, Ratsmitglied von Tooting, der nur wenige Tage zuvor mit mir zusammen das Marathon-Kit abgeholt hatte. Ben war bereits mehrere Marathons gelaufen und hatte mich in der Woche vor dem großen Tag, als mir unglaublich bange war, immer wieder ermutigt. Er lief ein, zwei Kilometer an meiner Seite und munterte mich mit jedem Schritt auf. Ich hatte ein schlechtes Gewissen, weil ich ihn ausbremste, aber seine Unterstützung war genau das, was ich jetzt brauchte. Um Kilometer 38 herum entdeckte ich ein paar Freunde am Rande der Strecke, was mir neuen Auftrieb gab. Ich sagte Ben, dass er allein weiterlaufen solle, was er nach einiger Überzeugungsarbeit auch tat. Schließlich kam – dank Bens Unterstützung – das Ende in Sicht.

Die Ziellinie des London-Marathons zu überqueren, ist ein ganz besonderer Moment – zutiefst persönlich, aber zugleich eine Erfahrung, die man mit den anderen 40.000 Läufern teilt. Es gibt ein tolles Foto von mir, wie ich auf die goldfarbene Medaille beiße, die mir nach dem Rennen überreicht wurde, so wie ich es während der Olympischen Spiele viele meiner Helden im Fernsehen hatte tun sehen (obwohl ich nach den 42,195 Kilometern ein wenig derangierter aussah als sie). Wie sich herausstellte, war 2014 das Jahr, in dem auch der Doppelolympiasieger Mo Farah seinen ersten London-Marathon lief. Bis zum heutigen Tag erzähle ich den Leuten gern, dass ich gegen Mo Farah angetreten bin. Natürlich sage ich nicht dazu, dass ich erst zwei Stunden nach ihm am Ziel war.

Als ich schwer atmend am Endpunkt des Rennens stand, konnte ich gar nicht anders, als stolz darauf zu sein, wie weit ich in den letzten zehn Wochen gekommen war. Ich war den Marathon in vier Stunden und neunzehn Minuten gelaufen und damit weit unter meinem Fünf-Stunden-Ziel geblieben. Ich hatte mehr als 20.000 Pfund für den *Dispossessed Fund* gesammelt. Ich hatte sogar Ed Balls *und* Andy Burnham geschlagen.

In den Wochen darauf dachte ich immer wieder darüber nach, dass der Marathon all das verkörpert, was London so besonders macht. Die Strecke verläuft durch fünf sehr unterschiedliche Stadtbezirke: über die Hauptverkehrsstraßen von Woolwich und Deptford, vorbei an den Wolkenkratzern von Canary Wharf und dann weiter bis zum Parlamentsgebäude. Was ich jedoch hauptsächlich aus dieser Erfahrung gelernt habe, war, dass mir das Laufen tatsächlich Spaß machte. Ich war so fit wie schon lange nicht mehr und hatte auch noch abgenommen. In den folgenden Wochen und Monaten rannte ich weiter die Gehwege Londons entlang. Natürlich nicht sofort – dafür hatte ich zu große Schmerzen. Nach ein paar Monaten allerdings war ich zurück auf der Strecke, wann immer es mein Terminplan erlaubte.

Doch der Marathon bildete nicht nur den Anfang meiner

Läuferkarriere. Ganz unverhofft sollte er auch zum Ausgangspunkt meiner Reise als Klimaaktivist werden.

Als ich mich mehr und mehr für das Joggen begeisterte, sah ich mich zunehmend mit einem neuen Problem konfrontiert. Nach einem langen Lauf geriet ich ins Keuchen und bekam kaum noch Luft. Anfangs schrieb ich das meiner mangelnden Fitness zu. Doch aus dem Keuchen wurde ein Husten, und dieser fiel schließlich meiner Familie, meinen Freunden und meinem Team auf, insbesondere in den Monaten vor der Parlamentswahl 2015. Sie wiesen mich darauf hin, dass ich mich immer wieder räusperte, bisweilen beinahe ununterbrochen, und das wirkte sich letztlich auch negativ auf die Qualität der Live-Interviews aus, die ich im Radio gab.

Jegliche Bedenken, die mich davon abgehalten hätten, gesundheitliche Probleme mit meinen Mitarbeitenden zu besprechen, hatte ich bereits über Bord geworfen, als ich sie während meines Marathon-Trainings um Rat gefragt hatte, wie ich meine »Joggernippel«-Problematik in den Griff bekommen könnte. Also besprachen wir gemeinsam, was zu tun sei. Zunächst einmal schien mein Leben zu hektisch, um mich einer gründlichen Untersuchung zu unterziehen – kurz nach den Wahlen im Mai 2015 hatte ich meine offizielle Kampagne als Labour-Kandidat für das Londoner Bürgermeisteramt gestartet und arbeitete rund um die Uhr. Ich vermutete, dass mein schlechter Gesundheitszustand darauf zurückzuführen war, dass ich ausgelaugt war und zu viele Überstunden machte. Im September schließlich hatte ich meine Ausreden überstrapaziert. Also gab ich nach und ging zu meiner Hausärztin.

Saadiya bestand darauf mitzukommen, da sie befürchtete, ich würde der Ärztin sagen, dass es mir gut ginge, und ihr die Symptome nicht vollständig schildern. Als ich das Sprechzimmer betrat, war ich guter Dinge, da ich davon ausging, dass man mir einen ausgezeichneten Gesundheitszustand bescheinigen würde und Saadiya daraufhin beruhigt wäre.

Nach ein paar Schnelltests bekam ich die Diagnose »Adult-onset Asthma«: eine Form von Asthma, die erst im Erwachsenenalter auftritt.

Ich konnte es nicht glauben. Als Kind hatte ich ein paar Freunde gehabt, die Asthmasprays benutzten und daher nicht wirklich mit uns anderen Sport treiben konnten. Aber ich war 43 Jahre alt. Ich hatte nie Probleme beim Luftholen oder mit den Atemwegen gehabt. Ich war gerade einen Marathon gelaufen, Herrgott nochmal! Meine Ärztin nahm sich die Zeit, mir zu erklären, dass es inzwischen nicht ungewöhnlich sei, dass Menschen diese Symptome erst im Erwachsenenalter entwickelten, was hauptsächlich auf Umweltfaktoren wie eine schlechte Luftqualität zurückzuführen sei.

Bei meinem medizinischen Check-up vor dem Marathon hatte es dafür keinerlei Anzeichen gegeben. Mit ziemlicher Sicherheit hatte sich das Asthma also durch das Einatmen der Luft auf Londons Straßen entwickelt.

Als sie mir die Diagnose erläuterte, schien alles einen Sinn zu ergeben. Ich fühlte mich irgendwie erleichtert: Zumindest wusste ich jetzt, was das Problem war. In den darauffolgenden Tagen spürte ich auch eine gewisse körperliche Erleichterung, da das Asthmaspray und die Medikamente Wirkung zeigten. Endlich konnte ich nachts wieder gut schlafen, und ich hatte den Eindruck, dass mir das Asthmaspray vor oder während eines langen Laufs oder eines Fußballspiels wirklich half. Aber über meine neu entdeckte Identität als Asthma-Patient war ich weniger glücklich. Auf der einen Seite wollte ich mir vielleicht nicht eingestehen, dass ich »verletzlich« war; mein Asthma fühlte sich an wie ein Zeichen von Schwäche. Bis heute ist es gelegentlich so schlimm, dass mir das Atmen schwerfällt. 2017 war meine Dienstreise als Bürgermeister nach Delhi durch die furchtbare Luftqualität dort beinahe unmöglich geworden.

Doch die größte Veränderung, die durch meine Diagnose hervorgerufen wurde, betraf meine politische Perspektive. Es fiel mir sehr schwer zu glauben, dass mein Asthma eine unmittelbare Folge des Atmens in der Stadt sein sollte, die ich liebte. Wenn ich gewusst hätte, dass meine sonntagnachmittäglichen Läufe entlang der Balham High Road meine Gesundheit dauerhaft und anhaltend schädigen sollten, wäre ich dann stattdessen im Fitnesscenter geblieben?

Was jedoch noch wichtiger ist: Die Diagnose brachte mich dazu, über viele Dinge nachzudenken, mit denen ich mich zuvor nie wirklich befasst hatte. War die Luft, die wir atmeten, immer schon so schlecht gewesen? Wie viele Menschen waren davon betroffen? Gab es einen Zusammenhang zwischen Luftverschmutzung und Klimawandel? Und, wenn ja, würde die Reinigung der Luft in London auch dazu beitragen, die Klimakrise zu bekämpfen?

Bis dahin hatte ich mich nie besonders für »grüne« Themen interessiert. Als mir eine angestellte Partnerschaft in einer Kanzlei angeboten wurde, hatte ich für mein Saab Cabrio einen Parkplatz in derselben Straße in der Londoner Innenstadt ausgehandelt, in der sich das Büro befand. Nachdem meine älteste Tochter Anisah geboren worden war, hatte ich mir einen geräumigeren Land Rover Discovery zugelegt: ein riesiges benzinschluckendes Fahrzeug, das fast sein gesamtes Dasein damit verbrachte, durch die Hauptstadt kutschiert zu werden. Als Parlamentsabgeordneter hatte ich sogar für eine zusätzliche dritte Startbahn für den Flughafen London Heathrow gestimmt. Der Klimawandel schien zuvor immer sehr weit weg gewesen zu sein – sowohl geografisch als auch zeitlich. Es war eher eine Problematik der Zukunft als eine der Gegenwart.

Mein Asthma brachte mich zum Nachdenken. Nach dem Besuch bei meiner Ärztin begann ich plötzlich die vor den Schulen wartenden Autos und die Abgase der Fahrzeuge, die im Verkehr feststeckten, wahrzunehmen – ebenso wie die Berichterstattung über Flächenbrände, die infolge des Temperaturanstiegs in ganz Europa zu wüten begannen. Umweltfaktoren verursachten nicht nur »da draußen« Probleme; sie hatten soeben dafür gesorgt, dass ich hier, in London, an Asthma erkrankt war. Das war nicht nur eine Klimakrise, sondern auch eine Gesundheitskrise.

Außerdem habe ich am eigenen Leib erfahren, wie beängstigend ein Asthmaanfall ist. Und das als Erwachsener. Ich kann immerhin rational nachvollziehen, was mit mir passiert, wenn sich mein Brustkorb verengt und mir das Atmen schwerfällt. Ich kann nach meinem Asthmaspray greifen oder jemanden bitten, es mir zu holen.

Wie beängstigend sich das alles für ein Kind anfühlen muss, ist kaum vorstellbar. Und es gibt keine bessere Möglichkeit aufzuzeigen, warum gerade unsere giftige Luft dabei eine Rolle spielt, als die Geschichte von Ella Roberta Adoo-Kissi-Debrah.

Genau wie ich wurde Ella in South London geboren. Ihr großes Potenzial zeigte sich bereits in frühester Kindheit. Seit sie drei Jahre alt war, besuchte sie eine Schule für darstellende Künste und tanzte und sang sehr gern. Ihr Lieblingsfilm war *Mamma Mia!* In der Schule war sie beliebt und sie mochte Sport und Naturwissenschaften. Sie träumte davon, Pilotin zu werden.

Kurz vor ihrem siebten Geburtstag, während der Herbstferien im Oktober, fing Ella an zu husten. Als Teil ihres Schulprojekts zum Großen Brand von London war ihre Mutter Rosamund mit ihr zum Monument in der Londoner Innenstadt gefahren. Beim Treppensteigen ging Ella die Puste aus. Fest entschlossen, es bis nach oben zu schaffen, hielt sie durch, schlief aber auf der Zugfahrt nach Hause vor lauter Erschöpfung sofort ein. Rosamund war besorgt und ging mit ihr zum Arzt.

Anfangs diagnostizierte ihr Hausarzt eine Infektion der unteren Atemwege, und mit der Aussicht auf eine vollständige Genesung wurden Ella Antibiotika verschrieben. Doch die Genesung blieb aus und in den darauffolgenden Wochen unterzog sie sich mehreren Untersuchungen, bei denen sie auf sämtliche Krankheiten von Mukoviszidose bis hin zu Epilepsie getestet wurde, bevor eine Reihe von Fachärzten bei ihr eine einzigartige, schwere Form von Asthma diagnostizierten. Ihr Krankheitsbild war sehr komplex und führte in ihren Lungen zu einer kontinuierlichen Schleimbildung, wodurch die Luftzufuhr erheblich beeinträchtigt wurde. Der Sauerstoffmangel führte dazu, dass Ella ohnmächtig wurde, Krampfanfälle erlitt und ihre Lungen schließlich komplett kollabierten. Wenige Monate später wurde sie das erste Mal in der Intensivstation aufgenommen – weitere Male sollten folgen.

In den 28 Monaten, die auf die Diagnose folgten, wurde Ella 27 Mal ins Krankenhaus eingeliefert. Ihre Mutter hat sie über zwanzig Mal wiederbelebt; sie wurde in fünf verschiedenen Kliniken und von zahllosen Spezialisten behandelt.

Am Abend des Valentinstages 2013 las Ella gemeinsam mit ihrer Mutter Beethovens berühmte Liebesbriefe. Der nächste Tag war der letzte Schultag vor den Halbjahresferien und zusammen wählten sie Ellas Outfit für die Schuldisco aus. Es sollte ihr letzter gemeinsamer Abend sein. Ein paar Stunden später hörte sie auf zu atmen. Im Krankenwagen erlitt Ella einen Anfall und starb in den frühen Morgenstunden des 15. Februar in der Klinik. Sie war neun Jahre alt.

Ellas Geschichte ist für alle Eltern der schlimmste Alptraum. Ich kann mir gar nicht vorstellen, welche Ängste sie und ihre Familie die ganze Zeit über ausgestanden haben müssen. Aber für Rosamund warf ihr Tod auch eine Reihe von Fragen auf. Was war wirklich mit ihrer Tochter passiert? Warum hatte sie Asthma bekommen, und was hat ihr das Atmen so schwer gemacht? Hätte ihre Erkrankung verhindert werden können? Der Pathologe, der die Autopsie durchgeführt hatte, stellte fest, dass Ella an »einer der schlimmsten Formen von Asthma« gelitten hatte, »die jemals in Großbritannien dokumentiert« worden waren, und der Untersuchungsbeamte, der zu ihrer Todesursache ermittelte, kam zu dem Schluss, dass sie an einem schweren Asthmaanfall gestorben war, gefolgt von einem Krampf, »möglicherweise ausgelöst durch eine Reaktion auf etwas in der Luft«.[1] Aber was genau?

Erst viele Monate später machte ein Nachbar Rosamund darauf aufmerksam, dass ihre Wohngegend in Lewisham aufgrund der Nähe zur vielbefahrenen South Circular Road häufig eine besonders schlechte Luftqualität verzeichnete. Das war das erste Mal, dass Rosamund der Gedanke kam, dass die Luftverschmutzung zu Ellas Tod beigetragen haben könnte. Bei ihren zahlreichen Krankenhausbesuchen und -einlieferungen hatte das medizinische Personal das niemals auch nur angedeutet. Nie hatte sie vermutet, dass Ellas Erkrankung mit der Luft im Zusammenhang stehen könnte, die sie tagtäglich eingeatmet hatte. Warum auch?

So begann ihre Reise auf der Suche nach der Wahrheit, was wirklich mit Ella passiert war. Im Januar 2014, weniger als ein Jahr nach ihrem Tod – und etwa zur selben Zeit, als ich mein Training für den London-Marathon aufgenommen hatte –, wurde die *Ella Roberta Foundation* gegründet.

Im Laufe der folgenden Monate arbeitete die Stiftung daran, das Leben von asthmakranken Kindern in South East London zu verbessern, indem sie das Bewusstsein für die Erkrankung schärfte, bessere Behandlungsmöglichkeiten für Lungenkrankheiten forderte und für eine saubere Luft kämpfte. Als Mitbegründerin und Geschäftsführerin der Organisation wurde Rosamund in Diskussionen mit Klinikärzten und politischen Entscheidungsträgern schnell zur vertrauenswürdigen Fürsprecherin von Eltern asthmakranker Kinder. Doch ohne die einschlägigen wissenschaftlichen Kenntnisse – und angesichts des Mangels an genauen Informationen zur Londoner Luftqualität – hatte Rosamund kaum Hoffnung, die Wahrheit über Ellas Tod herauszufinden.

Ich erfuhr erst nach meiner Wahl zum Londoner Bürgermeister im Mai 2016 von Ellas Fall. Doch in dem Augenblick, da ich davon hörte, wusste ich, dass ihre Geschichte wichtig war. Es war genau so ein Fall, wie ich ihn in meinem früheren Leben als Anwalt übernommen hätte. Vor meiner Zeit als Parlamentsabgeordneter hatte ich mich auf Menschenrechtsgesetze spezialisiert. Das bedeutete häufig, sich mit öffentlichen Instanzen wie der britischen Regierung, Kommunalbehörden, der Polizei oder dem Nationalen Gesundheitsdienst auseinanderzusetzen. Ich hatte oft Menschen mit einem ähnlichen Hintergrund wie dem meinen vertreten. Wenn ich einen Fall von Diskriminierung geltend machte oder eine gerichtliche Überprüfung einer Regierungsentscheidung forderte, rief ich mir in Erinnerung, dass meine Mandanten in einer Parallelwelt durchaus meine Verwandten, meine Nachbarn – oder sogar ich selbst – sein könnten.

Daher traf Ellas Geschichte bei mir einen Nerv. In einem anderen Leben hätte es meiner Mutter genauso ergehen können wie Rosamund. Zum Glück war mein Asthma nicht ansatzweise so schlimm wie bei Ella. Aber wie viele Kinder wie Ella gab es da draußen? Und scheinbar war Ella – genau wie meine früheren Mandanten – von den Behörden im Stich gelassen worden. Sie war im selben Jahr gestorben, in dem das Bürgermeisterbüro im Londoner Rathaus beschlossen hatte, einen Bericht, der bei dem Umweltberatungsunternehmen Aether in Auftrag gegeben worden war und der die katastrophale Luftqualität in der Hauptstadt detailliert dokumentierte, nicht zu veröffentlichen. Rosamund hatte keine Ahnung gehabt, dass die Luft, die ihre Tochter einatmete, sie krank gemacht hatte, und man hatte ihr keine Gelegenheit gegeben, es herauszufinden.

Ich bat mein Team, mit Rosamund Kontakt aufzunehmen, um zu schauen, wie wir sie unterstützen könnten. Wie sich sehr bald herausstellte, hatten wir gemeinsame Freunde und Unterstützer. Samantha Heath, eine Abgeordnete der London Assembly, die ich noch aus unserer gemeinsamen Zeit im Stadtrat von Wandsworth kannte, stellte uns einander bei einer Veranstaltung im Rathaus vor. Sam machte mich auch mit Professor Stephen Holgate bekannt, einem der führenden britischen Experten im Bereich Luftverschmutzung und Asthma. Zu diesem Zeitpunkt hatte Rosamund bereits eine engagierte Anwältin namens Jocelyn Cockburn dazu überredet, ihren Fall zu übernehmen. Jocelyn kannte ich ebenfalls gut – sie hatte in meiner alten Kanzlei für mich gearbeitet.

Wir vier – Rosamund, Stephen, Jocelyn und ich – begannen nun zusammenzuarbeiten. Da sich Rosamund nach Ellas Tod angesichts des Geschehenen mit so vielen offenen Fragen konfrontiert sah, hatte sie das Personal des Great Ormond Street Hospital darum gebeten, dem Leichnam ihrer Tochter Gewebeproben zu entnehmen. Nun gewährte sie Stephen Zugang zu diesen Proben und zu sämtlichen medizinischen Unterlagen von Ella. In den folgenden Monaten prüfte Stephen all diese Daten. Er konnte die häufigsten Ursachen für Asthma bei Kindern ausschließen – darunter auch Allergien und Viruserkrankungen. Und er stellte fest, dass Ella an einer Form von Asthma gelitten hatte, die sie in Bezug auf die Luft, die sie atmete, besonders empfindlich machte. Als er sich einige der Gewebeproben von Ellas Atemwegen und Lungenflügeln zum Zeitpunkt ihres Todes unter dem Mikroskop ansah, entdeckte er, dass ihr ihr Atemtrakt massiv geschädigt war.

Professor Holgates Untersuchungsergebnisse ließen erste Rückschlüsse darauf zu, was Ella in ihrem letzten Lebensjahr widerfahren war. Er stellte einen eindeutigen Zusammenhang zwischen Spitzenwerten der Luftverschmutzung in der Nähe von Ellas Zuhause und ihren Krankenhauseinlieferungen fest. Die von Geräten zur Überwachung der Luftqualität erfassten Messungen in der Nähe ihres Wohnhauses zeigten, dass die Stickstoffdioxidmengen die gesetzlich zulässigen Grenzwerte ebenso wie die Richtlinienwerte der Weltgesundheitsorganisation (WHO) und der Europäischen Union regelmäßig überschritten, was in erster Linie an den Dieselfahrzeugen lag, die auf der South Circular Road unterwegs waren. In der Nacht, als Ella starb, war ihr Wohngebiet in einen unsichtbaren Nebel aus Abgasen des Straßenverkehrs in ihrer unmittelbaren Umgebung gehüllt.

Stephens Bericht aus dem Jahr 2018 stellte einen »offenkundigen Zusammenhang« zwischen Ellas Krankenhauseinlieferungen und den Vorfällen gefährlichster Luftverschmutzung rund um ihr Zuhause in South-East London fest.[2] Er kam zu dem Schluss, dass zwischen Ellas Gesundheitszustand und den Mengen giftiger Luftschadstoffe wie Stickstoffdioxid und Feinstaub eine eindeutige Verbindung bestand und dass die Luftverschmutzung in Ellas Sterbeurkunde als Todesursache mitangeführt werden sollte. Er sagte, es hätte die »reale Chance bestanden, dass Ella ohne die illegalen Überschreitungen der Luftschadstoffgrenzwerte nicht hätte sterben müssen.«[3]

So begann Rosamunds Kampf darum, den vorliegenden Bescheid des Untersuchungsbeamten aufheben und Ellas Todesursache erneut feststellen zu lassen. Nie zuvor war das Wort »Luftverschmutzung« in einer britischen Sterbeurkunde aufgetaucht. Ellas Fall würde damit einen Präzedenzfall darstellen – zumindest in Großbritannien, wenn nicht gar weltweit. Wenn Luftverschmutzung als eine Todesursache angegeben würde, könnte der Untersuchungsbeamte die britische Regierung und andere Ebenen der kommunalen Verwaltung wie Bürgermeister und Stadträte potenziell dazu auffordern, entsprechende Maßnahmen zu ergreifen, um weitere solcher Todesfälle in Zukunft zu verhindern. Die möglichen Folgen der Entscheidung wären von enormer Tragweite. Aufgrund entsprechender Anträge, die nicht nur ich, sondern auch Rosamunds Anwälte und verschiedene Bürgerinitiativen eingereicht hatten, hatte der britische Generalstaatsanwalt dankenswerterweise zugestimmt, die Indizien noch einmal zu überprüfen, und unterstützte den Antrag auf eine neuerliche Feststellung der Todesursache.

In der Politik heißt es, eine Woche sei eine lange Zeit. In der Welt des Rechts gilt das leider nicht. Acht Jahre nach Ellas Tod und vier Jahre nach meiner Wahl zum Bürgermeister wurde schließlich das Urteil gefällt – mit bahnbrechenden Folgen. Im Dezember 2020 kam der Untersuchungsbeamte Philip Barlow zu dem Ergebnis, dass giftige Luft bei Ellas Tod tatsächlich eine Rolle gespielt hatte. Sie war die erste Person in Großbritannien, bei der »Luftverschmutzung« als eine Todesursache angegeben wurde.

Die Erkenntnisse des Untersuchungsbeamten hatten endlich die Fragen beantwortet, die sich Ellas Familie gestellt hatte. Doch der Bericht hatte wesentlich weitreichendere Konsequenzen. Als erste rechtliche Anerkennung der Tatsache, dass Luftverschmutzung zum Tod eines Menschen beigetragen hatte, bahnte die Entscheidung anderen den Weg, die weitere Maßnahmen zur Verbesserung der Luftqualität forderten. Das Untersuchungsergebnis gab uns konkrete Beweise dafür in die Hand, dass giftige Autoabgase Kinderlungen nicht nur schädigen – sie können sogar tödlich sein.

Vor allem machte das Untersuchungsergebnis ein für alle Mal klar, warum es so wichtig war, den Umweltschutz ernst zu nehmen. Ellas Fall zeigte, dass die Gesundheit der Londoner Bevölkerung durch eben den Vorgang Schaden nahm, der uns am Leben erhält: das Atmen.

Die Atmung ist unser Lebenselixier. Unsere Lungen tanken Sauerstoff und verteilen ihn über die Blutgefäße an die Organe, die es uns ermöglichen, zu gehen, zu sprechen und uns zu bewegen. Zu leben.

Aber obwohl wir alle atmen, atmen wir nicht alle dieselbe Luft. Luft besteht zu 78 Prozent aus Stickstoff, zu 21 Prozent aus Sauerstoff sowie aus kleineren Mengen anderer Gase wie Kohlendioxid, Helium und Wasserstoff. Außerdem enthält sie eine Reihe von Schadstoffen. Wenn die Luft schadstoffbelastet ist, kann sie jedes Organ und jede Zelle in unserem Körper schädigen. Sie trägt zu Krankheitsbildern bei, die von Herz- und Lungenerkrankungen, Diabetes und Demenz über Krebs und brüchige Knochen bis hin zu Hautkrankheiten und Asthma reichen. Die Weltgesundheitsorganisation hat die Luftverschmutzung als gesundheitliche Notlage bezeichnet, da 99 Prozent der Weltbevölkerung giftige Luft atmen.[4] Mit jährlich über acht Millionen vorzeitigen Todesfällen kostet sie mehr Menschen das Leben als das Rauchen.[5] Dabei kommt es unter den benachteiligten Personengruppen der Gesellschaft zu einer unverhältnismäßigen Häufung dieser Todesfälle. Mehr als 90 Prozent der mit Luftverschmutzung in Zusammenhang stehenden Todesfälle treten in Ländern mit niedrigem oder mittlerem Einkommen auf, wo Gesetze wirkungslos sind oder nicht beachtet werden, die Grenzwerte für Kraftfahrzeugemissionen weniger streng sind und die Verbrennung fossiler Energieträger weiter verbreitet ist.[6]

Die Hauptursachen für die schlechte Luftqualität sind dieselben wie für den Klimakollaps. Luftverschmutzung und globale Erwärmung werden im Wesentlichen durch dasselbe Phänomen hervorgerufen: Treibhausgase, verursacht insbesondere durch Verkehr, Industrie und Stromerzeugung. Allein die Energieproduktion – Hauptquelle der Treibhausgasemissionen – ist für 85 Prozent der Luftverschmutzung durch Feinstaub und für beinahe 100 Prozent der Stickoxidemissionen verantwortlich.[7] Das heißt, die Lösungsansätze im Kampf gegen Luftverschmutzung und Klimawandel sind häufig identisch. Bekämpft man das eine Problem, bekämpft man gleichzeitig auch das andere.

Und trotz alledem wusste ich vor meiner Marathonerfahrung – und meinen ersten Begegnungen mit Rosamund – kaum etwas über Luftverschmutzung. Und damit war ich nicht allein. Warum reden wir nicht mehr darüber? Das fragte ich mich.

Eine mögliche Begründung könnte darin liegen, dass es sich bei Klimawandel und Luftverschmutzung um weitgehend unsichtbare Gefahren für unser Leben handelt. Die Menschen können sie nicht wirklich sehen. Und das wiederum bedeutet, dass Politiker sie ignorieren können. Obwohl Regierungen auf der ganzen Welt sehr gern Ziele festlegen, bleiben die politischen Maßnahmen zu deren Umsetzung meistens aus. In manchen Fällen sorgt die Regierungspolitik sogar aktiv dafür, dass die Emissionen weiter zunehmen. Großbritannien subventioniert noch immer fossile Brennstoffe. Norwegen erschließt riesige neue Erdöl- und Erdgasvorkommen. Japan gehört nach wie vor zu den größten Finanziers von Kohleprojekten weltweit. China baut weiterhin Woche für Woche große Kohlekraftwerke. Viele Politiker betrachten ein entschlossenes Handeln in Bezug auf den Klimawandel als dreifache Krux: erstens ist es ein unlösbares Problem, das zweitens im Hier und Jetzt nicht wirklich eine Rolle spielt und das drittens auch noch Wählerstimmen kostet.

Dieses Buch ist mein Versuch, Politiker und Wähler vom Gegenteil zu überzeugen.

Ich wäre der Erste, der zugibt, dass ich als Bürgermeister Fehler gemacht habe. Einige davon schildere ich in diesem Buch bis ins (zumindest für mich) schmerzlichste Detail. Aber wenn ich Bilanz ziehe, ist der Bereich, auf den ich am meisten stolz bin – und bei dem ich auch darauf beharren würde, dass wir Dinge richtig gemacht haben –, der Umweltschutz.

London war eine der ersten Städte der Welt, die den Klimanotstand ausgerufen hat. Wir haben die weltweit erste Ultra-Niedrigemissionszone *(ULEZ)** eingeführt – ein Bereich, der von Fahrzeugen mit hohem Schadstoffausstoß nur gegen eine Gebühr befahren werden darf –, wodurch die Schadstoffbelastung der Luft in Londons Innenstadt beinahe um die Hälfte

* *Ultra Low Emission Zone* (Anm. d. Ü.).

reduziert wurde. Seit meiner Wahl im Jahr 2016 konnte die Zahl der Menschen, die in Gebieten leben, wo die zulässigen Stickoxidgrenzwerte überschritten werden, um 94 Prozent gesenkt werden. Aufgrund dessen wird London die gesetzlichen Obergrenzen der Luftverschmutzung voraussichtlich bereits 2025 einhalten können* und nicht erst in 193 Jahren, wie es noch bei meinem Amtsantritt prognostiziert wurde. Abgesehen davon haben wir 440.000 Bäume gepflanzt, die Zahl der Radwege verfünffacht, eine Rekordzahl an Elektro-Ladestationen installiert und Europas größte emissionsfreie Busflotte aufgebaut.

Diese Veränderungen haben wir der Londoner Bevölkerung nicht einfach aufgedrängt. London hat sich bewusst dafür entschieden. Während der Kampagne zu meiner Wiederwahl im Jahr 2021 habe ich grüne Themen komplett in den Mittelpunkt gestellt, darunter die Zusage, die Ultra-Niedrigemissionszone auf das riesige Gebiet auszuweiten, das von der North und der South Circular Road umschlossen wird. Noch nie ist ein amtierender Bürgermeister mit so vielen Stimmen wiedergewählt worden. Vier Millionen Londoner, die in der inzwischen erweiterten Zone leben, atmen nun sauberere Luft.

Daher will ich Ihnen in diesem Buch eine Geschichte erzählen. Es ist eine Geschichte darüber, wie ich vom Land-Rover-Fahrer zum Verfechter des Elektrofahrrads wurde. Es ist eine Geschichte über die Zusammenarbeit mit Experten, der Londoner Bevölkerung und Bürgermeistern auf der ganzen Welt, um ein Problem zu bekämpfen, das uns alle angeht. Aber zuallererst ist es eine Geschichte darüber, wie ich zu der Erkenntnis gelangte, dass der Klimawandel keine politische Achillesferse darstellt. Das Eintreten für ein entschlossenes Handeln in Bezug auf die Umwelt kann sich für besorgte

---

* Dieses Buch wurde 2023 erstmals veröffentlicht. Aktuelle Berichte sind u. a. hier zu finden: https://www.cityoflondon.gov.uk/services/environmental-health/air-quality/air-quality-reports (Anm. d. Ü.).

Bürger, Aktivisten und Politiker durchaus bezahlt machen. Und sobald das der Fall ist, können wir anfangen, die Dinge zu verbessern.

Ich mache mir keine Illusionen: Dies ist die Geschichte eines einzelnen Bürgermeisters in einer einzelnen Stadt, der auf einem einzelnen Podium steht. Aber im Laufe der letzten Jahre habe ich mit zahllosen Menschen gesprochen – von Wählern und Aktivisten über Politiker bis hin zu meinen Amtskollegen rund um den Globus –, die darüber berichtet haben, dass sie auf dieselben Probleme gestoßen sind, die auch mir begegnet sind, als ich versucht habe, aus der Debatte um den Klimawandel als Gewinner hervorzugehen.

Sie sprechen über das Problem der Apathie: die unendlichen Mühen, die es kostet, Wähler trotz der drängenderen Probleme, die ihren Alltag bestimmen, dazu zu bringen, sich für die Umwelt zu interessieren. Sie sprechen vom Zynismus: das allgegenwärtige Gefühl, dass Politiker »alle gleich« seien und man nicht darauf vertrauen könne, dass sie etwas gegen den Klimawandel unternehmen. Und sie sprechen von den Kosten: die riesigen Ausgaben, die erforderlich sind, um eine auf den Emissionen fossiler Brennstoffe gegründete Welt in eine grüne umzuwandeln.

Mein Team und ich haben diese Probleme mit Sicherheit nicht gelöst – wenn uns das gelungen wäre, hätte ich 2021 vermutlich sogar noch mehr Wählerstimmen bekommen. Aber wir haben ein paar Ansätze entwickelt, die für uns funktioniert haben und die auch für andere funktionieren könnten. Die Apathie haben wir bezwungen, indem wir die Wähler davon überzeugt haben, dass wir nicht nur in einer Klimakrise, sondern auch in einer Gesundheitskrise stecken. Dem Zynismus und Misstrauen sind wir begegnet, indem wir Koalitionen mit Menschen aus dem gesamten politischen Spektrum gebildet haben. Und das Problem der Kosten der grünen Transformation sind wir angegangen, indem wir sichergestellt haben, dass die Belastung gerecht auf alle Schichten der Gesellschaft verteilt wird.

Daher habe ich dieses Buch um die sieben größten Probleme herum aufgebaut, denen wir in unserem Kampf gegen die Klimakrise begegnet sind. In jedem Kapitel wird ein anderes Hindernis vorgestellt und erklärt, wie wir versucht haben, es aus dem Weg zu räumen. Ich hätte dieses Buch auch »Die sieben Hindernisse für eine effektive Klimapolitik und wie sie zu überwinden sind« nennen können – doch hätte ich mich für einen so nüchternen Titel entschieden, würden Sie diese Zeilen vermutlich gerade gar nicht lesen.

Mehr als alles andere wünsche ich mir, dass dieses Buch allen, die sich angesichts des Klimawandels hilflos fühlen, eine Botschaft der Hoffnung sendet. Denn es ist noch nicht zu spät: Es liegt an uns, die Klimakrise abzuwenden.

Letztlich war diese Erkenntnis das einzige positive Resultat meiner Teilnahme am London-Marathon. Denn oberflächlich betrachtet, war das Ganze eine politische Katastrophe. Der *Evening Standard* unterstützte am Ende nicht mich, sondern Tessa Jowell als Labour-Kandidatin für das Bürgermeisteramt. Im eigentlichen Wahlkampf stand die Zeitung dann hinter Zac Goldsmith und nicht hinter mir. Und zu allem Überfluss habe ich auch noch Asthma bekommen.

Doch trotz alledem hat mich diese Erfahrung so viel gelehrt: Ich habe gelernt, dass der Klimawandel eine Kraft ist, die uns allen schadet – nicht den Menschen »irgendwo« in der fernen Zukunft, sondern der Londoner Bevölkerung im Hier und Jetzt. Ich habe gelernt, dass nichts sich so gut anfühlt, wie die Umwelt in der Stadt zu verbessern, die man liebt. Und ich habe gelernt, dass London voller großartiger, aufmerksamer, motivierter Menschen ist, die ihren Teil dazu beitragen möchten. Menschen wie Rosamund.

Sieben Jahre nach unserer ersten Begegnung ist Rosamund noch immer eine gnadenlose Kämpferin. Sie weiß genau, wie sie mich unter Druck setzen kann. 2021 rief sie bei einer meiner regelmäßigen Sendungen mit Hörerbeteiligung auf *LBC Radio* an, um mich dazu aufzufordern, die Ultra-Niedrigemissionszone auf ganz London auszuweiten. Sie hat vor internationalem Publikum gesprochen – von den Vereinten Nationen bis hin zur Weltklimakonferenz 2021 in Glasgow.

Rosamunds Hartnäckigkeit ist beeindruckend, und ich bin stolz darauf, sie als Aktivistin, Londonerin und Freundin kennengelernt zu haben. Aber in allererster Linie war sie Ellas Mutter.

Für mich verkörpert Ella all das, weshalb der Schutz unserer Umwelt so wichtig ist. Ihr kurzes Leben hat Menschen dazu gezwungen, dem unsichtbaren Killer ins Auge zu blicken, den wir alle tagtäglich einatmen.

Ellas Fall zeigt, dass der Klimanotstand, dem wir uns gegenübersehen, auch eine Gesundheitskrise darstellt, und warum wir nicht länger damit warten können, Maßnahmen für eine sauberere Luft zu ergreifen.

Darum lassen wir nicht nach und kämpfen immer weiter und immer schneller. Für Ella.

Hindernis 1

Fatalismus

Die Konferenz war ganz und gar nicht das, was ich erwartet hatte.

Während ich mir ein prächtiges Pariser Gebäude à la Louvre ausgemalt hatte, schienen wir uns in einem besseren Flugzeughangar zu versammeln, der mit zahllosen provisorischen Schreibtischen bestückt war. Und während ich mir vorgestellt hatte, auf Du und Du mit den Führungskräften aus der ganzen Welt die Champs-Élysées entlangzuflanieren, hatten sich diese in einem unscheinbaren Vorort niedergelassen, 45 U-Bahn-Minuten vom Stadtzentrum entfernt. Wären nicht all die Politiker von einem Ort zum nächsten gewandert, wäre man niemals auf die Idee gekommen, dass es sich hierbei um eine der wichtigsten Klimaschutzveranstaltungen der jüngeren Geschichte handelte.

Im Dezember 2015 hatte ich den Ärmelkanal überquert, um an der COP21* teilzunehmen, der richtungsweisenden 21. Klimakonferenz der Vereinten Nationen. Vertreter aus knapp zweihundert Ländern kamen zusammen, um das auszuhandeln, was als Pariser Abkommen in die Annalen eingehen sollte – ein rechtsverbindlicher internationaler Vertrag mit

---

* Die 21. UN-Klimakonferenz fand vom 30. November bis 12. Dezember 2015 in Paris statt (Anm. d. Ü.).

dem Ziel, die globale Erwärmung auf weit unter 2° Celsius zu begrenzen. Es war ein Ereignis sowohl für die mächtigsten Politiker der Welt als auch für die A-Prominenz. So zählte Präsident Barack Obama ebenso zu den Teilnehmenden wie Sean Penn. Leider gehörte ich nicht in diese Reihe. Ich war dorthin weder als Bürgermeister noch als Parlamentsabgeordneter gereist, sondern als Bürgermeisterkandidat der Labour-Partei für die anstehenden Wahlen in London. Die meisten Teilnehmenden wussten daher nicht, wer ich war.

Aber während ich von dem Veranstaltungsort der Konferenz, der mit Versailles so wenig gemein hatte, alles andere als begeistert war – und zudem enttäuscht darüber, dass es mir nicht gelungen war, mich mit dem Bürgermeister von Brügge zusammenzusetzen, geschweige denn mit Sean Penn –, wusste ich doch, dass dies nicht wirklich wichtig war. Ich war schließlich nicht dort, um die Architektur zu bewundern oder Prominente kennenzulernen. In der Tat hatten die meisten Menschen in Großbritannien von der Person, die ich in Paris treffen sollte, noch nie etwas gehört: Anne Hidalgo.

Im April des Vorjahres war Anne als Bürgermeisterin von Paris vereidigt worden, und für mich stellte sie eine echte Inspiration dar. Obwohl erst wenige Monate im Amt, war sie die wandelnde Widerlegung eines der meistverbreiteten Gemeinplätze in Bezug auf die Klimapolitik. Die Menschen sind der Meinung, Politiker sind machtlos, wenn es ums Klima geht. Was kann eine einzelne Regierung schon angesichts einer so gewaltigen Problematik bewirken? Für die kommunale Ebene gilt diese Annahme natürlich umso mehr. Der Klimawandel ist ein globales Problem, so meint man. Was kann da schon der Bürgermeister einer Stadt ausrichten?

Anne war der personifizierte Beweis dafür, dass diese Weltsicht unsinnig ist. Sie war mit einem Wahlprogramm angetreten, das unter anderem die Verbesserung und den Ausbau des öffentlichen Verkehrs, die Vergrößerung der Grünflächen und ab 2020 ein Fahrverbot für Dieselfahrzeuge in der Stadt beinhaltete. Und in den Monaten seit ihrem Amtsantritt hatte sie Pläne für *Paris Respire (»Paris atmet«)* entwickelt, die beispielsweise vorsahen, an jedem ersten Sonntag eines Monats sämtliche Autos aus bestimmten Stadtgebieten zu verbannen. Selbst hier in Paris, dem Zentrum einer internationalen Klimakonferenz, blieben die Menschen pessimistisch, ob die Klimakrise tatsächlich überwunden werden könnte. Doch nicht einmal die deprimierenden grauen Wände unseres Versammlungsraums im Herzen des Konferenzzentrums konnten Anne Hidalgos ansteckendem Enthusiasmus etwas anhaben. Sie sprach leidenschaftlich über ihren Kampf, ihre grüne Politik und ihre Pläne, die Autonutzung zu reduzieren, um »Paris seinen Bürgern zurückzugeben«.

Das Treffen löste bei mir große Begeisterung aus. Wie sich herausstellte, hatten Anne und ich sehr viele Gemeinsamkeiten: Auch sie war ein Kind von Einwanderern, und während unseres Gesprächs hatten wir herausgefunden, dass unsere Mütter beide als Näherinnen gearbeitet hatten. Allerdings interessierte mich Annes Geschichte nicht nur um ihrer selbst willen. Mich interessierte vielmehr, was sie für London bedeuten könnte. Denn weniger als sechs Monate nach unserem Treffen standen in London die Bürgermeisterwahlen an. Auch ich würde als Mitte-Links-Kandidat in einer globalen Metropole antreten, und gemeinsam mit meinem Team hatte ich gerade damit begonnen, Ideen zu entwickeln, wie wir gewinnen könnten.

Wie nur wenige wissen, arbeitete mein Vater in London als Busfahrer. Daher ist eine meiner frühesten Erinnerungen, wie ich mit meinem Bruder Tariq ganz vorn im Oberdeck des 44er Busses saß, den mein Vater von Tooting Richtung Norden nach Battersea und über die Themse lenkte. In jenen Tagen vor dem Zeitalter der Videoüberwachung sah der Busfahrer, was im Oberdeck passierte, indem er in ein Periskop schaute, das einen spiegelverkehrten Blick auf die oberen Fahrgäste bot. Die Hälfte der Zeit verbrachten Tariq und ich damit, so zu tun, als würden wir selbst am Steuer sitzen; die andere Hälfte spähten wir durchs Periskop und beobachteten unseren Vater im unteren Deck, und jedes Mal, wenn er hochschaute und uns dabei erwischte, mussten wir alle lachen. Wenn der Bus an der Victoria Station sein Ziel erreichte, stürzten wir die Stufen hinunter, um mit ihm schnell eine Tasse Tee zu trinken, bevor wir für die Rückfahrt wieder nach oben eilten.

Als wir etwas älter waren, kauften wir uns für 60 Pence ein Red-Rover-Ticket, mit dem wir kreuz und quer durch ganz London fahren konnten. Der Lieblingsstreich von mir und meinen Geschwistern war es, an Ampeln von der hinteren Einstiegsplattform der *Routemaster*-Busse zu springen, wenn einer von uns (in der Regel mein jüngerer Bruder Khaliq) am wenigsten damit rechnete, so dass er allein im davonfahrenden Bus zurückblieb.

Diese frühen Jahre im Bus markierten den Beginn meiner Liebe zu Tooting und zu London. Meine politische Laufbahn gründet mindestens ebenso sehr auf meiner Begeisterung für diese außergewöhnliche, einzigartige, riesige Metropole wie auf meiner Liebe zur Politik an sich. Ich begann meine Karriere als Anwalt. Ich habe diesen Beruf geliebt, insbesondere seit ich es so weit gebracht hatte, dass ich zur Leitung der Kanzlei Christian Khan gehörte: Einen guten Fall zu gewinnen, bedeutete, dass man das Leben der Menschen verbessern konnte, und entschied man einen bahnbrechenden Fall für sich, konnte man die Aufmerksamkeit der Öffentlichkeit auf ein wichtiges Thema lenken. »Warum sollte jemand eine solche Karriere aufgeben wollen?«, wurde ich von meiner Mutter oft gefragt.

Die Antwort darauf war natürlich: Tooting. Seit ich denken kann, liebe ich diesen Ort über alles. Es ist nicht nur der Ort, wo ich geboren und aufgewachsen bin, geheiratet und Kinder bekommen habe und bis heute lebe. Sondern dieser Ort macht mich einfach aus. Daher habe ich keinen Moment gezögert, als sich mir 2004 die Möglichkeit bot, als Parlamentsmitglied für Tooting anzutreten. Mit 15 bin ich in die Labour-Partei eingetreten und seit meinem 23. Lebensjahr war ich Ratsmitglied in Tooting. Als Tom Cox, der seit 1970 für Tooting im Parlament saß – also buchstäblich mein ganzes Leben –, seinen Rückzug erklärte, habe ich alles darangesetzt, mir die Kandidatur zu sichern.

Als ich am 5. Mai 2005 zum Parlamentsabgeordneten für Tooting gewählt wurde, war dies einer der besten Tage meines Lebens. Die Tatsache, dass die Menschen in diesem Stadtbezirk – dem Ort, den meine Eltern nach ihrer Emigration aus Pakistan zu ihrem neuen Zuhause erkoren hatten – mich als ihren Parlamentsvertreter ausgewählt hatten, erfüllte meine Mutter mit großem Stolz. Allerdings war ich zutiefst traurig darüber, dass mein Vater das nicht mehr miterleben konnte. Er war achtzehn Monate vor der Wahl 2005 gestorben, nur vier Wochen, nachdem bei ihm eine aggressive Form von Bauchspeicheldrüsenkrebs diagnostiziert worden war. Erst eine ganze Weile nach meiner Wahl erfuhr ich, dass ich das allererste Londoner Parlamentsmitglied islamischen Glaubens war. Meinem Vater hätte das gefallen.

Es war eine spannende Zeit, um als neuer Labour-Abgeordneter ins Parlament einzuziehen. Die Partei war gerade für weitere fünf Jahre an die Regierung gewählt worden, und ich hatte die Chance, Teil davon zu sein – wobei ich mich besonders in die Debatte über die Antiterror-Politik der Labour-Partei einbrachte, indem ich den Widerstand gegen die Möglichkeit einer neunzigtägigen Inhaftierung von Menschen ohne vorherige Anklage anführte (nicht die beste Art und Weise, mich bei den Fraktionsvorsitzenden beliebt zu machen, wie ich bald feststellen sollte). Doch selbst, als ich mich zunehmend in der nationalen Politik engagierte, merkte ich, dass mein Interesse für meine Heimatstadt immer größer wurde. Am 7. Juli

2005 – zwei Monate nach meiner Wahl zum Parlamentsmitglied – wurde London zum Ziel verheerender Terroranschläge, bei denen 52 Menschen getötet und mehrere Hundert verletzt wurden. Ich verbrachte den ganzen Vormittag damit, Saadiya, meine Familie und Freunde anzurufen, um herauszufinden, ob es ihnen gut ging, denn die meisten von ihnen hatten an jenem Morgen die U-Bahn genutzt oder waren mit dem Bus gefahren. Merkwürdigerweise führte dieser schreckliche Tag dazu, dass ich London sogar noch mehr liebte. Er offenbarte die Widerstandsfähigkeit und die gegenseitige Solidarität der gesamten Londoner Bevölkerung. Ich erinnere mich, wie Menschen aller sozialen Schichten und Religionen einander dabei halfen, die folgenden Tage zu überstehen. Wir waren eins.

Gleichzeitig begann ich mich an den Zwängen der nationalen Politik aufzureiben. Im Parlament galt offensichtlich die Devise »Kümmere dich um deine eigenen Angelegenheiten!« Hielt man sich nicht daran – und besonders für Staatssekretäre war dieser Bereich der »eigenen Angelegenheiten« ziemlich eng gefasst –, konnte man sich bei den Leuten, die das Sagen hatten, sehr schnell unbeliebt machen. In der Regierung musste man die Entscheidung der Ministerbank akzeptieren oder aber den Job quittieren: Das verstand man unter »kollektiver Verantwortung«. Ständig war ich gezwungen, meine Meinungen zurückzuhalten, und gelegentlich musste ich sogar Standpunkte in die Debatte einbringen, die ich in Wirklichkeit gar nicht vertrat. Ich sehnte mich danach, eigene Wege zu gehen.

In den frühen 2010er Jahren, als Labour wieder zurück in der Opposition war, wurden meine Kollegen auf mich aufmerksam. 2013 ernannte mich der Labour-Vorsitzende Ed Miliband zum Schattenminister für London, zusätzlich zu meiner bereits bestehenden Funktion als Schattenjustizminister. Dadurch vergrößerte sich der Bereich meiner »Angelegenheiten« erheblich. Zum allerersten Mal beinhaltete mein Mandat alles – vom Wohnungsbau über den Verkehr bis hin zur Polizeiarbeit –, vorausgesetzt, es hatte in irgendeiner Weise mit der Hauptstadt zu tun. Bald darauf wurde in meinem Büro in Westminster ein riesiger politischer Stadtplan von London an der Wand angebracht – mit farblich unterschiedlich gekennzeichneten Stadtbezirken. Da war mir klar, dass sich das Hauptaugenmerk meiner Laufbahn auf diese Metropole richten würde.

Allerdings gab es da noch ein Problem. In den Augen vieler Politiker herrscht in der britischen Politik eine sehr eindeutige Hierarchie: Die Minister der Regierung stehen an der Spitze, gefolgt von den Parlamentsmitgliedern, und regionale oder »kommunale« Abgeordnete bilden weit abgeschlagen die dritte Ebene. Warum also sollte jemand einen Sitz im Westminster-Palast für ein Amt im Rathaus aufgeben wollen?

Das Problem, so sagten meine Kollegen, läge in der Verfassung begründet. Das Vereinigte Königreich verfügt über ein außergewöhnlich zentralisiertes politisches System, das dem Westminster-Palast ein gewaltiges Maß an Macht einräumt. Im Unterschied zu den meisten anderen europäischen Staaten werden in Großbritannien drei Viertel der öffentlichen Ausgaben direkt von der Regierung kontrolliert (im Vergleich zu etwa 20 Prozent in Deutschland).[1] Und daher, so die Theorie, werden beinahe alle wichtigen Entscheidungen von der zentralen Regierung getroffen.

Ich war diesbezüglich zwar anderer Meinung, aber zugegebenermaßen hatte die bestehende Regierung in London nicht viel dafür getan, diese Interpretation zu widerlegen. Unter Führung der Konservativen hatte sie 2010 damit begonnen, ein Sparprogramm umzusetzen, das für den öffentlichen Dienstleistungssektor massive Kürzungen bedeutete. Eine Politik, die der damalige Bürgermeister Boris Johnson eifrig unterstützte. So schrieb er, dass die Regierung den »verschwenderischen Ausgaben der öffentlichen Hand zu Leibe rücken«[2] solle, und unternahm wenig, um die Kürzungen in ganz London zu begrenzen. Der politische Schwerpunkt des Bürgermeisteramts hatte sich vom sozialen Wohnungsbau und der bürgernahen Polizeiarbeit hin zu hochpreisigen Themen verlagert, die für das Leben der Londoner Bevölkerung kaum von Bedeutung waren: Seilbahnen, eine Gartenbrücke und zwei nicht einsetzbare Wasserwerfer, angeschafft infolge der Unruhen im Jahr 2011. Es war schwer in Zahlen auszudrücken, inwiefern die Menschen in London überhaupt davon profitierten, einen Bürgermeister zu haben.

Galt dies schon ganz allgemein, so traf es umso mehr auf die Problematik des Klimawandels zu. Als Boris Johnson 2008 Ken Livingstone im Londoner Rathaus ablöste, übernahm er eine Metropole, die im Bereich innovativer Umweltpolitik und -programme eine weltweite Führungsrolle innehatte: von der City-Maut für Kraftfahrzeuge in der Londoner Innenstadt bis hin zur *Oyster Card*, einer elektronischen Fahrkarte, die die Nutzung der öffentlichen Verkehrsmittel auf revolutionäre Weise vereinfachte. Nur ein Jahrzehnt später waren all diese Bemühungen zum Stillstand gekommen – in einigen Bereichen waren sogar Rückschritte zu verzeichnen. Bereits wenige Monate nach seiner Wahl hatte Johnson die Erweiterung der City-Maut-Zone aufgegeben und verkündete der Öffentlichkeit, »dass die Auswirkungen sowohl auf die Umweltverschmutzung als auch auf das Staugeschehen unserer Meinung nach verschwindend gering sein werden« – was so nicht stimmt. Gleichzeitig nutzte er seine lukrativen Kolumnen im *Telegraph* dazu, sich über »Öko-Schwarzmaler« lustig zu machen und Sorgen bezüglich des Klimawandels als eine »primitive und grundlose Angst« zu beschreiben.[3]

Wie hatte er damit überhaupt durchkommen können? Die Antwort darauf könnte lauten, dass die Menschen die Politiker insgesamt bereits abgeschrieben hatten. Die verzweifelte, katastrophale Nachrichtenlage rund um den Klimawandel lässt die Bevölkerung glauben, dass es sich hierbei um eine unüberwindbare Herausforderung handelt. Für Politiker wie

Boris Johnson ist das ein Segen: Die Durchsetzung drastischer Maßnahmen wird von ihnen weder erwartet noch erhofft. Im Vorfeld der Pariser Klimakonferenz im Jahr 2015 waren nur 19 Prozent der britischen Bevölkerung der Meinung, dass überhaupt ein Abkommen zustande kommen würde; selbst heute glauben 60 Prozent der Briten nicht daran, dass das Vereinigte Königreich seine Klimaziele bis 2050 erreichen wird.[4] Ein solcher Ausblick kann häufig in Fatalismus münden. Bei einer Bürgerbefragung in 27 Ländern gaben weniger als 30 Prozent der Menschen an, dass sie daran glaubten, dass Regierungen in puncto Klimawandel eine führende Rolle übernehmen würden – wobei ein Fünftel der jüngeren Befragten der Meinung war, dass es ohnehin »zu spät« sei, etwas gegen den Klimawandel zu unternehmen.[5] Auf geradezu haarsträubende Weise entlässt dieser fatalistische Ausblick die Politiker aus der Verantwortung. Wenn wir unsere Ziele sowieso nicht erreichen können, warum sollen wir uns dann überhaupt die Mühe machen, irgendetwas zu unternehmen?

Der herkömmlichen Meinung nach schien niemand in der Lage zu sein, hinsichtlich der Klimaproblematik wirklich etwas ausrichten zu können – und selbst wenn es irgendjemanden gäbe, der einen solchen Versuch unternehmen könnte, wären dies sicherlich nicht die Bürgermeister. Das war zwar eine zutiefst deprimierende Weltsicht, doch schien sie in der öffentlichen Vorstellung fest verwurzelt zu sein. Für mich allerdings stellte dieses Problem auch eine Chance dar. Denn 2014 war ich bereits dabei, mir ein neues Ziel zu setzen. Ich würde als Labour-Kandidat für das Londoner Bürgermeisteramt ins Rennen gehen. Und ich würde beweisen, dass Politiker in puncto Klima alles andere als machtlos waren.

Im November 2014 landete ein Buch mit dem Titel *If Mayors Ruled the World (»Wenn Bürgermeister die Welt regierten«)*[6] in meinem Briefkasten. Dessen Autor, Benjamin R. Barber, war ein amerikanischer Politiktheoretiker und einer der weltweit bekanntesten Demokratieexperten. Ich hatte mir ein Exemplar gekauft – auf Empfehlung eines Freundes, der der Auffassung war, der Inhalt des Buches würde gut zu meinem wachsenden Interesse für die Londoner Politik passen.

In seinem Werk verfolgt Barber zwei Argumentationsstränge. Der erste läuft darauf hinaus, dass die nationale Politik sowohl dysfunktional als auch von zunehmend geringerer Bedeutung ist. Alle großen Herausforderungen, denen wir uns gegenübersehen – von der Sicherheit über die Zuwanderung bis hin zum Klimawandel –, erfordern eine Zusammenarbeit über nationale Grenzen hinweg. Doch während internationale Foren wie die Vereinten Nationen oder die G20-Staaten erfolgreich Abkommen ausgehandelt haben, erwiesen sich die Regierungen der einzelnen Länder immer wieder als unfähig, die erforderlichen Maßnahmen zu deren Umsetzung zu ergreifen.

Städte voran! Barbers zweiter Punkt ist, dass Städte immer mehr auf dem Vormarsch sind und sich als außergewöhnlich versiert erweisen, wenn es darum geht, die durch das Versagen der nationalen Regierungen entstandenen Lücken zu schließen. Die besten Bürgermeister neigen Barber zufolge dazu, »dem Pragmatismus und der Problemlösung gegenüber der Ideologie den Vorzug zu geben.«[7] Meist haben sie diesbezüglich ohnehin nicht groß die Wahl: Tagtäglich müssen sie sich der unerbittlichen Herausforderung stellen, ihre Gemeinden über Wasser zu halten. Wie es Michael Nutter, der ehemalige Bürgermeister von Philadelphia, einst während eines Regierungsstillstands in den USA – einer Situation, in der viele Bundesbehörden aufgrund eines Haushaltsstreits ihre Arbeit einstellen – formulierte: »Bürgermeister dürften sich einen solchen Unsinn, wie er sich in Washington abspielt, niemals erlauben. In unserer Welt wird der Müll abgeholt oder eben nicht … Das ist unser täglich Brot. Und wir wissen, wie man diese Dinge erledigt.«[8]

Daher sind die Stadtoberhäupter häufig beliebt und genießen das Vertrauen ihrer Bürger. Jüngsten Umfragen zufolge, die in 22 Industrienationen, darunter auch Großbritannien, durchgeführt wurden, ist das Vertrauen in die kommunalen Verwaltungen bedeutend größer als das in die jeweilige nationale Regierung.[9] Meine Haupterkenntnis aus Barbers Buch war, dass Bürgermeister zwar nicht wirklich »die Welt regieren«, aber mit Sicherheit einen großen Teil davon, da mehr als die Hälfte der Weltbevölkerung in Städten lebt und sich dieser Anteil bis zum Jahr 2050 wahrscheinlich auf zwei Drittel erhöht haben wird. Was ich vor allem an dem Buch mochte, waren die zahllosen Anekdoten darüber, wie sich Bürgermeister den größten Herausforderungen stellen, mit denen sich die Erde konfrontiert sieht. Seite um Seite werden Beispiele aufgeführt, wie sie außerhalb des engen Handlungsrahmens nationaler Parteipolitik agieren: von Leoluca Orlando in Palermo, der für einen Rückgang der Kriminalitätsrate sorgte, nachdem er sich der örtlichen Mafia entgegengestellt hatte, bis hin zu Teddy Kollek in Jerusalem, der die Konflikte um den Zugang zu religiösen Stätten gekonnt handhabte.

In den Tagen, nachdem ich Barbers Buch gelesen hatte, musste ich ununterbrochen darüber nachdenken, was seine Argumentation für London bedeuten könnte. Mit einem Budget von fast 20 Milliarden Pfund und weitreichenden Befugnissen in den Bereichen Verkehr, Polizeiarbeit und Stadterneuerung spielt das Rathaus bei der Gestaltung der Metropole eine einzigartige Rolle. Dem Bürgermeisteramt unterstellt ist die für das städtische Verkehrssystem zuständige Dachorganisation *Transport for London (TfL)*, die den öffentlichen Nahverkehr betreibt, die City-Maut verwaltet und für einen Großteil der Hauptstraßen und Radwege verantwortlich ist. In seiner Funktion als Londons oberster Polizei- und Kriminalitätsbeauftragter überwacht der Bürgermeister die Ausgaben der Polizei sowie die Ausrichtung der Polizeiarbeit in der Hauptstadt.

Davon abgesehen unterliegen die Wohnungsbaupolitik, die Londoner Feuerwehr und verschiedene Aspekte der Stadterneuerung der bürgermeisterlichen Kontrolle. In den acht Jahren der Amtszeit von Boris Johnson blieben viele dieser Hebel so gut wie unberührt. Dennoch waren sie da und warteten nur auf einen Bürgermeister, der ehrgeizig genug wäre, sich ihrer zu bedienen.

Zu Weihnachten wurde in jenem Jahr fieberhaft darüber spekuliert, wer als Nächster für das Londoner Bürgermeisteramt kandidieren würde. Ich hatte seit Monaten darüber nachgedacht, ob ich für Labour antreten sollte. Nicht jeder hat mich darin unterstützt. Seit wir 2005 am selben Tag ins Parlament gewählt worden waren, war meine Labour-Fraktionskollegin Dawn Butler nicht nur zu einer engen Vertrauten, sondern zu einer meiner besten Freundinnen geworden – und sie bestand darauf, dass ich im Unterhaus bleiben sollte. Andererseits wiederum erkannte Karen Buck, eine weitere Londoner Fraktionskollegin und Freundin, dass ein Labour-Bürgermeister im Rathaus viel für ihre Wählerschaft bewirken könnte. Gewappnet mit Barbers Analyse, wie Bürgermeister die Welt veränderten, war ich mehr denn je vom Ehrgeiz gepackt, für das Bürgermeisteramt ins Rennen zu gehen. Mein Gefühl, dass die Londoner Politik meine Berufung darstellte, wurde durch die Ergebnisse der Parlamentswahlen 2015 noch bestärkt. Obwohl Labour ansonsten überall im Land einen enttäuschenden Wahlabend erlebte, konnten wir in London sieben Parlamentssitze dazugewinnen und damit das beste Ergebnis seit 2001 erzielen. Mit einem Stimmenanteil von 43,7 Prozent und einer Steigerung um mehr als sieben Prozentpunkte im Vergleich zu 2010 war Labour in London wesentlich erfolgreicher als im Rest des Vereinigten Königreichs. Nach acht Jahren unter einem konservativen Bürgermeister war das Rathaus für Labour zum Greifen nah.

Eine Woche darauf starteten mein Team und ich in der Anchor Church in Earlsfield – nur einen Steinwurf von der

Sozialsiedlung entfernt, in der ich aufgewachsen bin – in den Wahlkampf um meine Kandidatur. Das war eine ganz andere Liga als meine Kampagne um das Labour-Mandat für Tooting. Plötzlich war ich der Mittelpunkt eines riesigen Teams von Freiwilligen – es war viel größer als alles, was ich bis dahin erlebt hatte. In Whitechapel mieteten wir ein paar einfache Räume an, die während des Wahlkampfs um die Kandidatur zu unserem Hauptquartier wurden. Geld und Zeit waren knapp. Die Fenster des Büros ließen sich nicht öffnen, und die Küche war von Ungeziefer befallen. Eine der Mäuse, die durch den Raum huschten, wurde sogar zu unserem Maskottchen. Wir nannten sie Boris.

Doch unser Mangel an ungezieferfreien Büroräumen wurde durch die Leidenschaft unserer Freiwilligen wettgemacht. Einer von ihnen – Mete Coban – hatte bald die Idee für einen einprägsamen, von Obama inspirierten Slogan: #YesWeKhan. Obwohl wir nun mit diesem selbstherrlich präsidialen Wahlspruch gewappnet waren und auf die Unterstützung von Boris, der Büromaus, zählen konnten, stand uns eine verdammt anstrengende Kampagne bevor. Zunächst einmal musste ich von der Labour-Partei als ihr Kandidat gewählt werden. Nicht so einfach. In einer vom *Guardian* im März 2015 durchgeführten Umfrage landete ich in der Liste potenzieller Kandidaten auf Platz fünf – hinter Alan Johnson (der letztlich nicht antrat) sowie Diane Abbott, Tessa Jowell und David Lammy (die sich alle zur Wahl stellten).[10]

Ich beschloss, dass dieses Problem nur dadurch zu lösen war, dass ich persönlich mit so vielen Londoner Labour-Mitgliedern und -Unterstützern wie nur möglich sprach. Die Partei hatte gerade ein neues Vorwahlsystem eingeführt, so dass man kein Mitglied mehr sein musste, um abzustimmen, sondern sich gegen eine kleine einmalige Gebühr als Unterstützer registrieren lassen konnte. Jede Stimme – ob sie nun von der jüngsten 16-jährigen Anhängerin oder dem ältesten Parlamentsmitglied stammte – hatte dabei das gleiche Gewicht. In den folgenden vier Monaten machte ich über zweihundert Besuche an Arbeitsplätzen, in Gemeindezentren, Busdepots, Kirchen, Tempeln, Moscheen und Einkaufszentren, um neue Unterstützer zu gewinnen; auf vielen davon hat Dawn mich begleitet. Dabei haben mir die Stippvisiten in South West London besonders viel Spaß gemacht. In einem Busdepot in Putney behaupteten mehrere der Fahrer, denen ich dort begegnete, dass sie noch mit meinem Vater zusammengearbeitet hätten, was sehr charmant war – auch wenn sich herausstellte, dass einige erst seit Mitte der 1990er Jahre dabei waren, als er schon längst im Ruhestand war.

Am 11. September 2015 versammelten sich die Kandidaten – die Parlamentsmitglieder Tessa Jowell, David Lammy, Diane Abbott und Gareth Thomas sowie der Verkehrsexperte Christian Wolmar und ich – mit ihren jeweiligen Teams im Southbank Centre. Es war ein harter Wahlkampf gewesen und meine Nerven lagen blank. Noch schlimmer wurde es, als ich Jack Stenner, inzwischen mein Wahlkampfleiter, das erste Mal seit Jahren in Anzug und Krawatte sah. Jetzt wurde es zweifellos ernst.

Die anderen Kandidaten hatten einen knappen, aber klaren Sieg erwartet, allerdings nicht für uns. Noch bis unmittelbar vor der Bekanntgabe des Wahlergebnisses wurde meinen Teammitgliedern auf leicht gönnerhafte Weise gratuliert, weil sie »einen wirklich guten Job« gemacht hätten. Jemand zweifelte sogar daran, ob es klug sei, dass Saadiya in der ersten Reihe saß, weil man davon ausging, dass ich verlieren würde.

Als die Ergebnisse verlesen wurden, klammerte ich mich an Saadiyas Hand, als ginge es um mein Leben. Im finalen Wahlgang hatte Tessa 33.573 Stimmen erzielt. Und ich 48.152.

Wir hatten es geschafft. Ich hatte die Kandidatur gewonnen. Mit einem Stimmenanteil von 59 Prozent.

Ich war euphorisch und weiß bis heute nicht, was genau ich in meiner Siegesansprache gesagt habe – ich erinnere mich nur an die spannungsgeladene Atmosphäre und die Freudenschreie und Jubelrufe meines Wahlkampfteams. Aber zum Ausruhen blieb uns keine Zeit. Bereits wenige Stunden später war ich wieder auf Wahlkampftour, dieses Mal mit Unterstützung des Londoner Regionalteams der Labour-Partei, das nun, da ich offiziell zum Kandidaten gekürt worden war, für mich arbeitete. Die Stadtpläne von London, die für meine Kampagnen einst so wesentlich gewesen waren, spielten jetzt nur noch eine untergeordnete Rolle. Inzwischen kannte ich Londons Stadtbezirke und Wahlkreise wie meine eigene Westentasche – und statt einen auf die jeweiligen Bezirke ausgerichteten Ansatz zu verfolgen, hatten wir beschlossen, dass ich um jede einzelne Stimme in der Stadt kämpfen würde – vom grünsten Tory-Vorort bis hin zu den beständigsten Labour-Wohngebieten im Innenstadtbereich.

Jetzt mussten wir nur noch ein Wahlprogramm entwickeln. Bitte verstehen Sie mich nicht falsch – ich mag die Labour-Partei. Aber jeder, der irgendwann einmal bei der Ausarbeitung eines Wahlprogramms mitgewirkt hat, wird wissen, dass das ein absoluter Alptraum ist. Alles und jeder muss in diesen Prozess miteinbezogen werden. Das Ergebnis ist dann oft eine Wundertüte politischer Maßnahmen, die zwar jedem innerhalb der Partei zusagt, aber nicht ansatzweise genügend Menschen außerhalb davon. Das wollten wir unbedingt vermeiden. Im Großen und Ganzen sollte unsere Kampagne auf diejenigen Bereiche ausgerichtet sein, in denen ein Bürgermeister am meisten bewirken könnte – ein Ansatz, der zum Teil von Benjamin Barber inspiriert war. Unser Programm für die Bürgermeisterwahlen war das erste eines Labour-Kandidaten, das dem Umweltschutz ein ganzes Kapitel widmete – es enthielt 33 Versprechen, beginnend mit der Zusage, London zur ersten »Nationalpark-Stadt« der Welt zu machen, über die Einführung umweltfreundlicherer Fahrzeuge und die Schaffung neuer Radwege, die Pflanzung von Tausenden zusätzlicher Bäume bis hin zu dem Versprechen, Londons Pensionskasse von Investitionen in fossile Energieträger zu befreien. Am allerwichtigsten war jedoch unser Versprechen, Londons giftige Luft zu bereinigen. Und das ganze Maßnahmenpaket hatten wir so entwickelt, dass eine gerechte Verteilung sämtlicher Kosten gewährleistet war, wobei die Besserverdienenden den Großteil der Belastung tragen sollten.

Kurzum: Ich wollte ein grüner Bürgermeister werden. Da gab es nur ein Problem. Mein Hauptgegner wollte das auch.

Im Oktober hatten wir erfahren, dass Zac Goldsmith als Kandidat der Konservativen Partei für das Londoner Bürgermeisteramt antrat. Er war ein Politiker mit einem ausgeprägten Interesse für Umweltfragen. Sein Onkel Edward Goldsmith war ein früher Pionier der Umweltbewegung gewesen – er hatte das Umweltmagazin *The Ecologist* gegründet, dessen Herausgeber Zac später wurde, und mit People, aus der später die Green Party hervorgehen sollte, die erste grüne politische Partei ins Leben gerufen. Zu Beginn des Wahlkampfs erzählte Zac eine fantastische Geschichte, wie sein Onkel mit einem Kamel durch Ostengland getourt war und unter dem Slogan »Keine Wüsten in Suffolk« für sich Wahlkampf gemacht hatte. Wegen der möglichen Auswirkungen der Autoabgase auf das Kamel war ihm Tierquälerei vorgeworfen worden. »Das ist genau mein Punkt«, entgegnete er. »Stellen Sie sich einmal vor, was diese Abgase uns antun!«

Dass Zac Goldsmith zum Kandidaten gekürt worden war, war eine besorgniserregende Entwicklung. Allem Anschein nach war er der einzige konservative Politiker, der noch »grüner« war als wir. Er war von David Cameron, dem Vorsitzenden der Konservativen Partei, ins Spiel gebracht worden, um die Tory-Marke »zu entgiften«, und er hatte das Format, über politische Grenzen hinweg zu agieren. Bei den Parlamentswahlen im Jahr 2010 hatte er die Liberaldemokraten in Richmond Park geschlagen und wurde damit zu dem Parlamentsabgeordneten, der für einen siebenprozentigen Wählerumschwung zu seinen Gunsten gesorgt hatte. Bei den Wahlen von 2015 konnte er seinen Vorsprung sogar von 4.000 auf 23.000 Stimmen ausbauen: eine Steigerung, wie sie kein anderes Parlamentsmitglied erzielt hatte. Außerdem schien er auch noch sympathisch zu sein.

An dem Abend, als wir erfuhren, dass Goldsmith unser Kontrahent sein würde, herrschte in unserem Büro eine angespannte Stimmung. Wir glaubten, dies bedeutete, dass die Wahl im Jahr 2016 eine »grüne« sein würde, bei der sich viele der wichtigsten Duelle um umweltpolitische Themen drehen würden. Ich beschloss, mich mit Goldsmith gerade in Bezug auf dessen Stärken zu messen – wie die Umweltpolitik –, statt die Themen auszuspielen, bei denen ich bereits viel Unterstützung erfuhr, wie Wohnungsbaupolitik und Verkehr. Es war unsere einzige Hoffnung, die Bedrohung auszuschalten, die seine grünen Referenzen für uns darstellten.

Doch auf der Wahlkampftour entwickelte sich alles ganz anders als von uns erwartet. Die erste von zahlreichen Bürgermeisterdebatten fand im Januar 2016 in der London School of Economics statt. Aber während wir über andere Bereiche – wie Wohnungsbau und Verkehr – ausführlich diskutierten, kam die Debatte, sobald es um die Umwelt ging, nie so richtig in Schwung. Goldsmith schien davor zurückzuschrecken, allzu kühne Versprechungen zu machen. Die Diskussion konzentrierte sich im Wesentlichen auf relativ unumstrittene Zusagen wie eine Bebauung des Grüngürtels zu verhindern und Schadstoff-Grenzwerte einzuführen.

Mein Team und ich waren verwirrt. Hier kämpfte ein »grüner« Tory-Kandidat in einer »grünen« Stadt um Stimmen. Doch über seine »grüne Einstellung« wollte Goldsmith scheinbar nicht reden – ein Muster, das sich in den folgenden Monaten immer wieder zeigen sollte. Während es mir Freude bereitete, an der Seite der Grünen-Kandidatin Siân Berry und der liberaldemokratischen Anwärterin Caroline Pidgeon im Wahlkampf zu stehen, von denen ich auch eine Menge lernte, sind unsere Versuche, mit Zac Goldsmith über grüne Themen zu sprechen, größtenteils gescheitert. Das war eine verwirrende Strategie. Das Wahlkampfteam der Labour-Partei hatte viele Stunden darin investiert, Goldsmiths umweltpolitische Kompetenzen zu analysieren, die wir für eine große Bedrohung hielten – doch im Wahlkampf selbst schien er nicht gewillt zu sein, darüber zu diskutieren.

Ich fragte mich schließlich, ob Goldsmith einfach die herkömmliche Meinung über Bürgermeister akzeptiert hatte. Uns allen hatte man gesagt, dass es sich beim Klimawandel nicht um eine Problematik handelte, die von Politikern gelöst werden könnte. Er stellte für sämtliche Kandidaten eine zu große Herausforderung dar – ganz egal, ob es dabei um das Amt der Premierministerin oder des Bürgermeisters ging. Insbesondere ein Bürgermeister könnte diesbezüglich wenig ausrichten. Und so schien Goldsmith sich offensichtlich dafür entschieden zu haben, die Umweltpolitik generell auszuklammern.

Als der Wahlkampf langsam voranschritt und unser Vorsprung in den Umfragen wuchs, schien sich Goldsmith immer weniger für politische Themen zu interessieren – egal, ob grün oder nicht – und sich stattdessen der »Hundepfeifen-Politik«* zuzuwenden. Für seine Bürgermeisterkampagne en-

* »Der Ausdruck *dog whistle politics* (Hundepfeifen-Politik) steht für eine sprachliche Strategie, Ausdrücke und Wendungen zu gebrauchen, deren Brisanz der Allgemeinheit oft nicht bewusst wird. Ähnlich wie spezielle Hundepfeifen, die aufgrund ihrer hohen Frequenz für das menschliche Ohr nicht wahrnehmbar sind, richten sich solche Ausdrücke vornehmlich an Eingeweihte, die die dahinterstehenden politisch brisanten Konzepte kennen und befürworten.« (Quelle: Niehr, Thomas: »Die Sprache am rechten Rand«, in: Bundeszentrale für politische Bildung; https://www.bpb.de/themen/parteien/rechtspopulismus/240831/die-sprache-am-rechten-rand/; Anm. d. Ü.).

gagierte er eine Firma, zu deren Mitbegründern der berüchtigte australische Wahlkampf- und Politstratege Sir Lynton Crosby zählte. Ich wurde beschuldigt, »gefährlich« und »ein Radikaler« zu sein. In einem besonders surreal anmutenden Augenblick verschickte das Wahlkampfteam von Goldsmith Flugblätter an indischstämmige Briten, in denen behauptet wurde, ich würde eine Vermögenssteuer auf ihren Familienschmuck befürworten. Ich habe weiterhin versucht, einen optimistischen Ton anzuschlagen und mich auf die Politik zu konzentrieren, aber die Stimmung auf der Wahlkampftour war häufig bedrückend. Der Tiefpunkt war erreicht, als Goldsmith vier Tage vor der Wahl in *The Mail on Sunday* einen Artikel unter der folgenden Überschrift veröffentlichte: »Wollen wir die großartigste Stadt der Welt wirklich einer Labour-Partei überlassen, die Terroristen für ihre Freunde hält? [sic]« – das Ganze illustriert mit dem Foto eines Busses, der im Zuge der Anschläge vom 7. Juli 2005 zerstört worden war.[11] Ich war nicht der Einzige, der sich daraufhin fragte, ob diese Angriffstaktik auch gegenüber einem Kandidaten angewendet worden wäre, der nicht islamischen Glaubens war. Irgendwann im Wahlkampf gelangte ich an einen Punkt, an dem ich twitterte: »Hey @ZacGoldsmith. Es ist unnötig, ständig auf mich zu zeigen & zu rufen: ›Er ist ein Moslem!‹ Das steht bereits auf meinen eigenen Flyern.«

Als der Wahlabend näher kam, fühlte es sich immer mehr so an, als hätten Goldsmith und ich jeweils eine Wette abgegeben. Ich hatte auf die Politik gesetzt: geprägt durch meine Überzeugung, dass Politiker die Welt tatsächlich verändern konnten, selbst wenn es um so große Fragen wie den Schutz unserer Umwelt ging.

Goldsmith hatte auf die Persönlichkeit gewettet: eine Taktik, die ihn zu einer Reihe zunehmend unverschämter Anspielungen bezüglich meines Hintergrunds und meiner Politik veranlasste.

Nun galt es nur noch herauszufinden, wessen Einsatz sich am Ende bezahlt machen würde.

*

Der Amtssitz des Bürgermeisters von London war für gewöhnlich ein ruhiger Ort. Unmittelbar neben der Tower Bridge gelegen, war das Gebäude häufig von Touristen umgeben, die am Südufer der Themse entlangflanierten. Aber am Nachmittag des 7. Mai 2016 war es dort brechend voll. Als Saadiya und ich für die Verkündung des Ergebnisses der Bürgermeisterwahlen zum Rathaus liefen, sagte mir ein Mitglied meines Teams, dass dort »ziemlich viel los« wäre. Eine leichte Untertreibung. Sobald die Presse uns entdeckt hatte, sahen wir uns von Fotografen umringt. Wir konnten uns kaum bewegen. Als wir uns die letzten dreißig Meter bis zum Eingang des Rathauses vorkämpften, hielt ich Saadiyas Hand umklammert in dem verzweifelten Versuch zu verhindern, dass wir voneinander getrennt wurden. In all dem Chaos wurden zwei Mitglieder meines Wahlkampfteams fotografiert und später auf der Titelseite der *Times* in der Bildunterschrift als meine Töchter bezeichnet.

Schließlich hatten wir es durch die Eingangstüren und in den siebten Stock des Rathauses geschafft, wo die Labour-Abgeordneten der London Assembly ihren Sitz hatten, um dort auf die für 17 Uhr angesetzte Verkündung zu warten. Ich war nervös. Seit mittlerweile mindestens vier Monaten hatten mich die Umfragen vor Goldsmith gesehen – aber die meisten Menschen in der Labour-Partei wussten, dass man Umfragen nicht trauen durfte, erst recht nicht, wenn man es mit einer so negativen Tory-Kampagne zu tun hatte. Erst im Jahr zuvor hatten Meinungsforscher prognostiziert, dass Ed Miliband bei den Parlamentswahlen zum Premierminister gewählt werden würde, und dennoch kassierte Labour letztlich gegen David

Cameron eine vernichtende Niederlage. Ehrlich gesagt, hatte Labour seit 2005 keine großen Wahlen mehr gewonnen.

Zum Leidwesen meines Nervenkostüms erfolgt die Auszählung der Stimmen bei Bürgermeisterwahlen und Wahlen der London Assembly bekanntermaßen sehr langsam. So waren die Wahllokale 2012 am 3. Mai um 22 Uhr geschlossen und die Ergebnisse erst kurz vor Mitternacht des darauffolgenden Tages verkündet worden. Um mich abzulenken, verbrachte ich den Abend damit, meine Siegesansprache zu verfassen und zu überarbeiten. Aber als aus den Minuten Stunden geworden waren, kam ich zu der Erkenntnis, dass ich ganze Tage damit zubringen könnte, meine Rede hektisch umzuschreiben. Kurz vor 17 Uhr tauchte ein Angestellter des Rathauses auf und bat alle, sich zur Verkündung des Ergebnisses nach unten in den Ratssaal in der zweiten Etage zu begeben. Während alle anderen aufbrachen, blieb ich allein zurück, um meine Rede voller Anspannung ein letztes Mal durchzugehen und meinen Notfall-*Snickers* zu essen. Fünf Minuten später, als ich mich gerade auf den Weg nach unten gemacht hatte, marschierten alle anderen wieder zurück nach oben. Es war blinder Alarm gewesen; mein Notfall-*Snickers* verschwendet.

Fünf Stunden später warteten wir immer noch. Die Stimmung war von Nervosität zu Anspannung und schließlich zu einem Hungergefühl umgeschlagen. Alles geriet aus den Fugen. Das Team hatte Notsignale nach draußen gesendet und irgendjemandes Schwester hatte Pizza ins Rathaus bestellt, was für einen Riesenwirbel sorgte, weil das Sicherheitspersonal darauf bestand, sie durch den Röntgenscanner zu schicken. Ich wurde beständig darüber auf dem Laufenden gehalten, dass meine Freunde und mein Team auf meiner Wahlkampfparty, die nur wenige Gehminuten entfernt stattfand, immer betrunkener wurden: Ein Teammitglied hatte Bill Bailey dazu überredet, eine spontane Comedy-Einlage zum Besten zu geben. Ein positiver Aspekt des langen Wartens war, dass es im

Bereich der parteiübergreifenden Beziehungen wahre Wunder bewirkte. So war Caroline Pidgeon, Kandidatin der Liberaldemokraten und Mitglied der London Assembly, so nett, meinen extrem gelangweilten Töchtern Anisah und Ammarah eine Privatführung durch das Rathaus zu geben.

Nachts um halb eins, zehn Stunden nach unserer Ankunft – und nach weiteren blinden Alarmen – erreichte uns schließlich die Nachricht, dass die Auszählung endlich abgeschlossen war. Ich begab mich nach unten in den Sitzungssaal des Rathauses, wo ich einen der nervenaufreibendsten Augenblicke meiner Karriere erleben sollte. Ich betrat den Ratssaal zum allerersten Mal und war sofort von dessen Architektur überwältigt. Eine etwa 500 Meter lange imposante Wendeltreppe schlängelt sich vom Sitzungssaal direkt zur obersten Etage des Gebäudes, wo sich das Bürgermeisterbüro befindet. Ich fühlte mich geehrt, hier Seite an Seite mit meinen Mitkandidaten zu stehen, insbesondere mit Siân und Caroline, mit denen ich mich inzwischen angefreundet hatte. Zac Goldsmith hingegen verweigerte mir nach der Ergebnisverkündung den Handschlag, und der Kandidat von Britain First – einer rechtsradikalen, rassistischen Partei – wandte mir den Rücken zu.

Ich war extrem nervös. Aber es erstaunt mich immer wieder, dass man in einer Menschenmenge stets die Stimmen derjenigen heraushören kann, die man kennt – und sobald ich den Beifall und Jubel von Anisah und Ammarah vernahm, ging es mir besser.

Noch besser ging es mir, als die Ergebnisse verlesen wurden. Ich war gewählt worden – und zwar mit der größten Anzahl und dem größten Anteil an Erstpräferenzstimmen, die jemals bei den Bürgermeisterwahlen erzielt wurden.

Es war ein Sieg der Hoffnung über die Angst und ein Sieg der Einigkeit über die Spaltung. Aber was die Abstimmung vor allem zeigte, war das Vertrauen darauf, dass einzelne Politiker durchaus die Macht haben, etwas zu bewirken. Jahrelang war der Londoner Bevölkerung erzählt worden, dass Politiker bei den großen Themen – Wohnungsbau, Bildung und vor allem das Klima – nichts Konkretes erreichen können. Doch London hatte erkannt, dass das so nicht stimmte. Die Probleme der Welt waren auch die Probleme eines Bürgermeisters.

Sechs Stunden später, als ich mein neues Büro im achten Stock des Rathauses betrat, musste ich lachen. Da gab es keine Karte von Londons 32 Bezirken oder 73 parlamentarischen Wahlkreisen, wie ich sie in meinem Büro in Westminster gehabt hatte. Stattdessen wurde eine ganze Wand des Büros von einem Plan eingenommen, auf dem jede einzelne Straße der Stadt verzeichnet war. Höchste Zeit, sich an die Arbeit zu machen.

Hindernis 2

Apathie

Eine Schule wie die Sir John Cass's Foundation Primary School konnte es nur in London geben.

Knapp innerhalb des östlichen Stadttores der Londoner Innenstadt gelegen, reihte sie sich nahtlos zwischen einige der bemerkenswertesten Gebäude des Landes ein – hier das Fragment einer römischen Stadtmauer, dort eine mittelalterliche Kirche und schließlich ein paar Meter weiter nordwestlich der *The Gherkin* genannte, alles überragende Wolkenkratzer. Es war die Art von Einrichtung, mit der Eltern prahlten, wenn sie ihre Kinder dort hinschickten: eine hervorragende staatliche Grundschule mitten im pulsierenden Herzen der großartigsten Stadt der Welt, die allen offenstand.

In der Tat war alles an der Sir John Cass's Foundation Primary School vorbildlich – abgesehen von der Luftqualität.

Nur wenige Meter von der Schule entfernt verlief die A11, eine der meistbefahrenen Durchgangsstraßen, die von der Innenstadt in den Osten Londons führt. Innerhalb des Schulgebäudes war der Verkehrslärm ununterbrochen zu hören; außerhalb des Gebäudes war die Luft zum Ersticken. Man konnte die Verschmutzung beinahe schmecken.

Am Freitag, dem 13. Mai 2016, weniger als eine Woche nach meiner Wahl zum Bürgermeister von London, habe ich diese Schule besucht. Ihrer verschmutzten Umgebung trotzend, hatte sie mehrere Umweltinitiativen ins Leben gerufen – darunter das Anlegen eines Dachgartens, mit dessen Hilfe den Schülern die Natur nähergebracht werden sollte. Und aus diesem Grund waren wir dort. Denn konnte es einen besseren Ort geben, um zu verkünden, dass wir das größte öffentliche Beratungs- und Bildungsprogramm zum Thema Luftqualität in Londons Geschichte an den Start bringen würden?

Dies waren die ersten Tage meines Bürgermeisterdaseins, und wir waren noch dabei, laufen zu lernen. Als ich in der Schule ankam, traf ich mich mit den Lehrern und Schülern, um meine Pläne mit ihnen zu diskutieren, während ich ihnen beim Unkrautjäten half. Nach etwa einer Stunde vernahm ich von meinem Team im Hintergrund beunruhigtes Gemurmel. Ihnen war aufgefallen, dass ich vergessen hatte, meinen Ehering zu tragen. Normalerweise hätte das niemanden gestört – doch in Anbetracht dessen, dass meinem unmittelbaren Amtsvorgänger der Ruf der Untreue vorauseilte, wollte man keinerlei Risiko eingehen. Letztlich fiel den anwesenden Journalisten mein Ehering-Malheur gar nicht auf, aber der Ausflug irritierte sie. Immer wieder wurde mein Team von der Presse gefragt, warum ich mir diese Schule für meinen ersten offiziellen Termin als neuer Bürgermeister ausgesucht hatte.

Unsere Überlegungen waren ganz einfach gewesen. Während des Wahlkampfs hatten wir oft Schwierigkeiten gehabt, die Berichterstattung auf unsere Klimapolitik zu lenken. Wahlkampfveranstaltungen, auf denen die Kandidaten zusammenkamen, um über ihre Politik zu diskutieren und sich an ihre potenziellen Wähler zu wenden, hatten überall in der Stadt zu Themen von Verkehr bis Wohnungsbau stattgefunden und waren normalerweise geradezu gewissenhaft von der Londoner und der nationalen Presse besucht worden. Aber die Zahl der Veranstaltungen mit Fokus auf das Klima war um einiges geringer, und die wenigen, die es gab, stießen seitens der Medien auf wenig Interesse. Scheinbar herrschte die Auffassung, dass der Klimawandel »woanders« passierte. Der Begriff beschwor Bilder steigender Meeresspiegel in Bangladesch oder der voranschreitenden Wüstenbildung in Ostafrika herauf. Ein Problem, keine Frage. Aber keines, dem irgendjemand in London groß Beachtung schenken musste.

Die Sir John Cass's Foundation Primary School zeigte, dass das Gegenteil der Fall war. Die Klimakrise stellte direkt hier vor Ort in London ein Problem dar.

Diese Schule für meinen ersten offiziellen Bürgermeisterbesuch auszuwählen, war unser Versuch, die Medien dazu zu zwingen, die Problematik wahrzunehmen. Wie ich in meinen Bemerkungen in der Schule ausführte, waren wir bereits in der Vergangenheit an diesem Punkt gewesen. Bei früheren Krisen der Luftverschmutzung hatte London erst *nach* der Notlage reagiert. Die umfassende viktorianische Kanalisation wurde erst nach dem Großen Gestank des Jahres 1858 gebaut; der *Clean Air Act** folgte auf den Großen Smog von London in den 1950er Jahren. Jetzt passierte genau dasselbe. Was die Verbesserung der Luftqualität anging, war die Regierung seit 2010 hoffnungslos untätig gewesen, und es waren die schutzbedürftigsten Londoner, die unter den Folgen würden leiden müssen. Dieses Mal wollte ich dem Eintreten der Notlage *zuvor*kommen.

Der Trick bestand darin, den Menschen das Ausmaß des Problems begreiflich zu machen. Anders als beim Großen Smog (oder beim Großen Gestank) konnte man das Gift in der Luft im Jahr 2016 nicht wirklich sehen (oder riechen). Es handelte sich um einen unsichtbaren Killer, und das machte die Aufgabe, die Menschen dafür zu sensibilisieren, ungleich

* Der *Clean Air Act* (sinngemäß: *Gesetz zur Reinhaltung der Luft*) wurde 1956 infolge der Smog-Katastrophe in London 1952 beschlossen. Es handelt sich dabei um ein Bündel von Maßnahmen zur Bekämpfung der Luftverschmutzung (Quelle: Wikipedia, Anm. d. Ü.).

schwieriger. Im Laufe der ersten hundert Tage meiner Amtszeit wurde mir immer wieder gesagt, dass sich die Londoner – und die Briten – für Umweltfragen einfach nicht so sehr interessierten. Mir wurde gesagt, dass die Menschen zwar eine grüne Politik wollten, aber die Problematik an sich eine geringe »Salienz« hätte, also nicht wirklich wahrgenommen würde: Wähler räumten der Umwelt beständig eine geringere Priorität ein als anderen, scheinbar drängenderen Fragen. Eine Umfrage, die wenige Monate nach meinem Amtsantritt durchgeführt wurde, zeigte, dass die Themen Wohnen, Verkehr und Arbeitsplatzsicherung für die Londoner Bevölkerung von wesentlich höherer Wichtigkeit waren. Die Zahl der Befragten, für die der Bau wirklich bezahlbaren Wohnraums oberste Priorität hatte, war doppelt so hoch wie die derjenigen, die für den Kampf gegen die Luftverschmutzung votierten.[1]

Die einzige Möglichkeit, das Blatt zugunsten des Klimas zu wenden, bestand nach Auffassung meines Teams darin, zu zeigen, dass der Klimawandel nicht nur etwas ist, das »woanders« passiert. Er hatte Auswirkungen auf alle Einwohner unserer Stadt, und zwar jeden Tag. Die ärmsten Mitglieder unserer Gemeinschaft wurden dabei unverhältnismäßig stark in Mitleidenschaft gezogen. Und mit jeder Schadstoffschleuder, die auf Londons Straßen unterwegs war, verschlimmerte sich das Problem noch.

Meine lebhafteste Erinnerung aus den Tagen nach dem Wahlabend ist jene an die Kathedrale von Southwark. Ich erinnere mich, dass ich etwas benommen durch die Menschenmenge schritt, die sich zu meiner feierlichen Amtsübernahme versammelt hatte. Wir hatten dieses Ereignis wochenlang geplant: Statt einer langweiligen amtlichen »Eintragung« im Rathaus wollten wir eine religionsübergreifende Zeremonie, die Londoner Bürger aller Religionen und Hintergründe zusammenbrachte. Wir freuten uns, eine solch bunte Menge zu sehen, aber zwischenzeitlich war ich dann doch erstaunt darüber, wie vielfältig sie tatsächlich war: So erschrak ich kurz, als plötzlich das Gesicht von Gandalf dem Grauen in der Menschenmenge auftauchte. Mein unter Schlafmangel leidendes Gehirn brauchte ein paar Sekunden, um zu begreifen, dass wir uns nicht in einer ungewöhnlicherweise von Menschen überfüllten Version des Auenlandes befanden, sondern dass Sir Ian McKellen gekommen war, um mir seine Unterstützung zu signalisieren.

In diesem Augenblick hatten die zunehmend verworrenen Versuche meines müden Gehirns, sich einen Reim darauf zu machen, was in den Tagen seit meiner Wahl vor sich ging, ihren absoluten Tiefpunkt erreicht. Mein Sieg war nachts um halb eins verkündet worden und in den Stunden danach hatte ich kaum geschlafen – in meinen Adern war zu viel Adrenalin unterwegs gewesen. Das sollte für die darauffolgende hektische Woche tonangebend sein. Die ersten Tage als Bürgermeister im Amt sind intensiv – und nicht selten surreal.

Mein erstes Ziel bestand darin sicherzustellen, dass ich gut gerüstet war, um die Londoner Bevölkerung vor Schaden zu bewahren. Daher gab ich eine Überprüfung aller Londoner Maßnahmen zur Terrorismusbekämpfung in Auftrag. Das hatte zur Folge, dass ich kurz nach meiner Wahl einen Vormittag damit verbrachte, an der Simulation eines Angriffs marodierender Terroristen teilzunehmen. Frühmorgens traf ich in einem unscheinbaren Gebäude nahe der Tower Bridge ein, wo ich von Londons Polizeichef Sir Bernard Hogan-Howe in Empfang genommen wurde. Wir wurden in ein großes Areal geführt, das in seinen Grundstrukturen einem Einkaufszentrum nachempfunden war. Nur wenige Augenblicke später stürmte eine Gruppe bewaffneter Männer herein und eröffnete das Feuer auf die »Kunden«, die sich gerade die Regale anschauten. Während sich die Leichen(-attrappen) stapelten und sich der Ort mit Rauch füllte, erklärte mir Sir Bernard die Reaktion der Rettungsdienste. Obwohl wir wussten, dass es sich um eine Simulation handelte, kamen uns die Minuten, die wir auf Polizei, Krankenwagen und Feuerwehr warteten, wie eine Ewigkeit vor. Es war angsteinflößend, aber seither habe ich eine ungefähre Vorstellung davon, wie es sich anfühlt, mitten in einen Terrorangriff hineinzugeraten.

Doch natürlich wusste ich auch, dass der Schutz der Londoner Bevölkerung weit über die Polizeiarbeit hinausgeht. Zu meinen obersten Prioritäten zählte es, die Problematik der Luftqualität in Angriff zu nehmen. Wie ich sehr schnell feststellen sollte, war das leichter gesagt als getan. Dabei gab es verschiedenste Hindernisse. Zunächst einmal schien es, als hätte die Vorgängerregierung mehr oder weniger aufgegeben, die Londoner Bevölkerung davon zu überzeugen, dass man sich um die Luftverschmutzung kümmern müsste. Und wenn sich die Öffentlichkeit nicht dafür interessierte, so schien mein Amtsvorgänger geschlussfolgert zu haben, dann gab es auch für ihn keinerlei Grund, sich der Sache anzunehmen.

Diese Weltsicht hatte Probleme zur Folge, die sich auf das gesamte Rathaus auswirkten. Erstens führte sie dazu, dass die Ressourcen des Bürgermeisteramts nicht ausgeschöpft wurden. Eine der größten Überraschungen, mit denen das Rathaus bei meiner Amtsübernahme aufwartete, war die große Zahl äußerst talentierter Mitarbeitender, von denen viele in den vorangegangenen acht Jahren im Wesentlichen sich selbst überlassen worden waren. Alle wussten, dass Boris Johnson ein Bürgermeister war, der sich aus allem heraushielt. Aber ich war geradezu schockiert darüber, wie wenig Gebrauch von dem beeindruckenden Mitarbeiterstab gemacht worden war, der für das Bürgermeisteramt tätig war. Dazu gehörte zum Beispiel das Umweltteam: eine Gruppe, die seit geraumer Zeit einzig auf ihre Eigeninitiative angewiesen war, um eine Agenda voranzutreiben, die weitestgehend ignoriert worden war. Als ich ein paar Monate nach meiner Wahl die langjährige Rathausmitarbeiterin Shirley Rodrigues zur stellvertretenden Bürgermeisterin für Umwelt und Energie ernannte, bestätigte sie uns, was wir bereits erkannt hatten: Es gab einige großartige Leute im Team – nur waren sie jahrelang unterfordert gewesen.

Ich hatte das Glück, mit meinem Stabschef David Bellamy, meinen Bürgermeisterdirektoren und Nick Bowes, Paddy Hennessy sowie Leah Kreitzman – und natürlich mit Jack und Ali – ein Spitzenteam um mich zu haben. Gemeinsam machten wir uns an den Versuch, das Rathauspersonal bestmöglich einzusetzen. Während meiner gesamten Kampagne von der Kandidatenkür bis zur eigentlichen Wahl hatten wir tägliche Planungsbesprechungen durchgeführt, bei denen Vertreter aus allen Bereichen meines Teams zusammenkamen, von der Politik bis hin zur Kommunikation. Dieses Procedere übertrugen wir nun auch auf das Rathaus. In den nächsten Jahren versammelten sich verschiedene Mitglieder des Teams aus dem gesamten Gebäude immer morgens um halb zehn in Raum 8.7 – einem unscheinbaren Konferenzzimmer in der achten Etage, wenige Meter von meinem Büro entfernt, das zum bescheidenen Mittelpunkt der Strategieentwicklung des Bürgermeisteramtes avancierte. Dem Umweltteam kam dabei eine Schlüsselrolle zu. Shirley nutzte die Gelegenheit manchmal dazu, um uns über den Zustand ihrer geliebten Grünlilie auf ihrem Schreibtisch zu informieren, die schnell zu unserem Umweltmaskottchen wurde. Im Laufe der Jahre schnitten sich mehrere Mitglieder meines Teams die kleinen Ableger von der Pflanze ab, um sie zu vermehren, so dass die grün-weiß gestreiften Blätter bald in allen Bereichen des Rathauses zu sprießen begannen.

Die systematische Unterbeanspruchung der Rathausmaschinerie hatte ein zweites Problem zur Folge: einen Mangel an präzisen, öffentlich zugänglichen Informationen über London, insbesondere im Umweltbereich. Dabei war das Problem nicht unbedingt, dass keine brauchbaren Daten vorhanden gewesen wären, sondern, dass diese Daten in Aktenschränken und auf Festplatten begraben worden waren. Nur wenige Tage nach meinem Amtsantritt erfuhr ich, dass das Rathaus bereits 2013 ein Gutachten bei der unabhängigen, auf Luftqualität und Treibhausgasemissionen spezialisierten Beraterfirma *Aether* in Auftrag gegeben hatte. Ich war beunruhigt, als ich von der Existenz dieses Gutachtens erfuhr: Wie konnte meinem Team in meinem Bürgermeisterwahlkampf ein so wichtiges Dokument entgangen sein? Also fragte ich, ob wir eine Neuveröffentlichung der Daten prüfen sollten, woraufhin meine Mitarbeitenden mir mitteilten, dass dies keine Option sei. Warum? Weil der Bericht bislang überhaupt noch nicht veröffentlicht worden war.

Das Gutachten war vernichtend. Es offenbarte, dass sich Hunderte Grundschulen der Hauptstadt in Gegenden befanden, wo die Luftverschmutzung die zulässigen EU-Grenzwerte überschritt.[2] 83 Prozent davon wurden als »unterprivilegierte« Schulen eingestuft, da mehr als 40 Prozent der Schüler Anspruch auf kostenloses Schulessen hatten. In der Hälfte der ärmsten Wohngegenden überschritt die Luft die EU-Grenzwerte – verglichen mit nur einem Prozent in den reichsten Bezirken. Es waren also die ärmsten Londoner – diejenigen, die wahrscheinlich noch nicht einmal ein eigenes Auto besaßen –, die am meisten unter den Konsequenzen zu leiden hatten. Im Rathaus war das seit Jahren bekannt gewesen, aber die Londoner Bevölkerung hatte man nie darüber informiert.

In den ersten Monaten meiner Amtszeit sammelten wir immer mehr erdrückende Beweise hinsichtlich des Ausmaßes der Luftverschmutzung; Beweise, die auch die vorherige Regierung hätte zusammentragen können, wenn sie denn gewollt hätte. Während der »Saharastaub«-Episode im Jahr 2014, im Zuge derer der Süden Englands von einer Schicht aus rotem Staub überzogen wurde, der aus der Sahara-Wüste herübergeweht worden war, berichtete der Londoner Rettungsdienst von einem vierzehnprozentigen Anstieg der von Patienten mit Atemwegserkrankungen getätigten Notrufe und von einer erhöhten Zahl von Anrufen von Menschen mit Atembeschwerden, Asthma und Herzproblemen. 2014 gab es 49 solcher Fälle schlechter Luftqualität und 2015 weitere 48. Anschließend fanden wir heraus, dass Hunderte von Grundschulen sowie beinahe hundert weiterführende Schulen einer Luftverschmutzung ausgesetzt waren, die tagtäglich die gesetzlichen Grenzwerte überschritt – insgesamt waren 443 Schulen im gesamten Hauptstadtgebiet betroffen.[3] Mit dem höchsten Verschmutzungsgrad der Luft in London stand die Sir John Cass's Foundation Primary School ganz oben auf der Liste. Nur Wochen zuvor hatte ich in ihrem Dachgarten gestanden und den Journalisten erklärt, dass ich *vor* der Notlage handeln wollte. Wie sich nun herausstellte, war diese bereits eingetreten.

Selbst als Vollzeitpolitiker mit einem persönlichen Interesse für die Problematik hatte ich keinerlei Vorstellung von deren Ausmaß gehabt. An Heuschnupfen leidende Londoner wurden im Wetterbericht darüber informiert, wann mit einer hohen Pollenbelastung zu rechnen sei, und konnten daher entsprechend reagieren – doch Londoner mit schwerwiegenden Atemproblemen hatten überhaupt keine Ahnung, wann die Luftqualität schlecht war. Die Regierung riet allen Menschen mit Lungenproblemen, Erwachsenen mit Herzerkrankungen sowie älteren Menschen, bei schlechter Luftqualität anstrengende körperliche Betätigungen zu vermeiden. Doch der allgemeinen Öffentlichkeit waren Informationen über diese Vorfälle nie zur Verfügung gestellt worden.

Während des Wahlkampfs hatten wir uns oft gefragt, warum die Wähler in Bezug auf die Umwelt so apathisch zu sein schienen. Nun, da wir im Rathaus saßen, war uns die Antwort klar. Weil die Londoner Bevölkerung nie über die Umweltkrise informiert worden war, die sich überall um sie herum abzeichnete, war sie vielen egal. Und ich vermutete, dass dieses

Problem durch die menschliche Psychologie noch erschwert wurde. Aufgrund meiner Erfahrung sowohl als Anwalt als auch als Politiker kam ich zu dem Schluss, dass sich unser Gehirn einfach nicht auf die Problematik des Klimawandels einlassen kann. Menschen sind eher für den Umgang mit unmittelbaren Gefahren programmiert – das beim Überqueren der Straße auf uns zufahrende Auto, der Räumungsbescheid, der uns einen Monat gewährt, um eine Wohnung zu verlassen – als auf langfristigere Bedrohungen wie den Klimawandel. Dazu kommt das uns innewohnende Vertrauen darauf, dass alles gut werden wird – der »Optimismus-Bias«: Wir malen uns eine rosige Zukunft aus, auch wenn es eindeutige Beweise für das Gegenteil gibt. »Viele Umweltschützer sind der Meinung, dass sich der Klimawandel zu schnell vollzieht«, sagt der Psychologieprofessor Daniel Gilbert. »Das Gegenteil ist der Fall: Er vollzieht sich zu langsam. Seine Geschwindigkeit ist nicht ansatzweise schnell genug, um unsere Aufmerksamkeit für sich zu gewinnen.«[4]

All das stellte für meine umweltpolitischen Ziele ein Problem dar. In diesen ersten Tagen im Rathaus erkannten wir, dass es beim Kampf gegen die Klimakrise nicht nur auf politische Strategien ankommen würde, sondern auf Überzeugungsarbeit. Ich würde der Stadt zeigen müssen, dass der Schutz der Umwelt wichtig war. Nicht nur in der Zukunft oder am anderen Ende der Welt. Sondern direkt hier in London. Und zwar genau jetzt.

Am 5. Juli 2016, fast auf den Tag genau zwei Monate nach meiner Wahl zum Bürgermeister, betrat ich die Station für Atemwegserkrankungen des Great Ormond Street Hospital. Dort wurde ich von Dr. Colin Wallis in Empfang genommen, einem Facharzt für Kinderpneumologie. Mit seiner freundlichen, aber bestimmten Art half Colin bei der Behandlung von mehreren jungen Patienten des Krankenhauses, die an

Atemwegserkrankungen litten. Ich wollte einige von ihnen kennenlernen.

Das Great Ormond Street Hospital war die letzte Station einer ganzen Reihe von Stippvisiten zum Thema Luftqualität, die ich während meiner ersten hundert Tage im Amt des Bürgermeisters in ganz London absolvierte. Aber bis zu diesem Krankenhausbesuch war mir die Tragweite der Luftverschmutzung nie so richtig klar gewesen. Als ich von Station zu Station ging, wurden mir die Auswirkungen der Umweltkrise deutlicher als je zuvor vor Augen geführt. Mein Asthma ließ sich in den Griff bekommen, aber für die Kinder, denen ich begegnete, waren die Folgen weitaus gravierender – und in vielen Fällen sogar lebensverändernd. Einige von ihnen waren in ambulanter Behandlung und für Tests oder nächtliche Schlafuntersuchungen ins Krankenhaus gekommen. Andere wiederum litten an akuten oder chronischen Lungenkrankheiten oder komplexen Atemwegserkrankungen, weshalb sie bei der Atmung Unterstützung benötigten. Viele waren gerade einmal alt genug, um laufen und sprechen zu können. In jedem dieser Fälle deuteten die Anzeichen darauf hin, dass die Probleme der Patienten durch die schlechte Luftqualität in der Hauptstadt verschlimmert worden waren.

Nach meiner Begegnung mit den Kindern sollte ich im Krankenhaus anlässlich des 60. Jahrestages des *Clean Air Act* eine Rede halten. Dieses Gesetz hatte für die Londoner Bevölkerung viel bewirkt und unzählige Leben gerettet. Meine Argumentation war ganz simpel: Wir sahen uns in London mit einer weiteren Umweltnotlage konfrontiert und es war an uns zu handeln.

Das erforderte einige große, ehrgeizige politische Strategien. In einem ungewöhnlich hellen und luftigen Raum direkt neben der Lungenstation skizzierte ich die Maßnahmen, die mein Team und ich planten, um die Krise der Luftverschmutzung in Angriff zu nehmen: eine zusätzliche Umweltmaut in

Höhe von zehn Pfund für die schadstoffreichsten Fahrzeuge, die Londons Innenstadt befahren wollten (die sogenannte »T-Charge«) – eine Änderung, die fünfzehn Monate später, im Oktober 2017, in Kraft treten sollte; ein Abwrackprogramm für Dieselfahrzeuge, das in der Verantwortung des städtischen Verkehrsunternehmens *Transport for London* liegen würde und in dessen Rahmen Autofahrern Geldprämien gezahlt werden sollten, wenn sie sich von ihren alten, schadstoffreichen Fahrzeugen trennten, vorausgesetzt, sie investierten das Geld in ein saubereres Auto; und schließlich meine wichtigste Umweltschutzmaßnahme überhaupt: die Ultra-Niedrigemissionszone in Londons Innenstadt, in der Fahrzeuge strenge Schadstoff-Auflagen erfüllen oder aber eine tägliche Gebühr zahlen mussten, um diesen Bereich zu befahren. Im Falle ihrer Einführung würde es weltweit die erste Zone dieser Art sein.

Das alles fühlte sich wie ein politisches Wagnis an. Viele der angesichts meines Besuches der Sir John Cass's Foundation Primary School irritierten Journalisten waren anwesend und langsam schienen sie zu begreifen, dass ich es wirklich ernst meinte. Ein Großteil von ihnen war wütend: Warum verwendete ich so viel Zeit und Mühe auf ein Thema, das nur wenige ihrer Leser oder Zuschauer interessierte? Die konservativen Mitglieder der London Assembly im Rathaus konnten ihr Glück kaum fassen. In den darauffolgenden Tagen verloren sie keine Zeit, um die Maßnahmen anzuprangern, die ich angekündigt hatte.

Dennoch hatte ich das Gefühl, dass wir keine Wahl hatten. Wir brauchten diese Maßnahmen, weil das Leben von Millionen von Menschen durch die schlechte Luftqualität Schaden nahm. Und davon besonders betroffen waren die sozial am meisten benachteiligten Bevölkerungsgruppen: Londoner aus der Arbeiterklasse und Angehörige ethnischer Minderheiten waren in den Krankenstationen des Great Ormond Street Hospital überproportional vertreten. Aber es lag auf der Hand, dass wir noch einiges an Überzeugungsarbeit zu leisten hatten. Diese Rede war nicht nur deshalb wichtig, weil wir darin einige wesentliche neue politische Maßnahmen bekanntgaben, sondern auch, weil wir damit unsere neue Kommunikationsstrategie ausprobierten, die darauf abzielte, das Problem der Apathie zu überwinden.

Diese Strategie war ganz einfach: Wir wollten der Londoner Bevölkerung zeigen, dass die Umweltverschmutzung schon jetzt ein Problem für sie darstellte. Mir war klar: Wenn wir wollten, dass die Menschen diese umfangreichen Maßnahmen unterstützten, die erforderlich waren, dann müssten wir zwischen dem Problem der Luftqualität und ihren tagtäglichen Sorgen einen Zusammenhang herstellen. Ich war schon immer ein Bewunderer eines Zitats, das dem Labour-Politiker und Schriftsteller Tony Benn zugeschrieben wird: »Wahrscheinlich ist das Allerwichtigste, was man in der Politik erreichen kann, ein Lehrer zu sein.«[5] Ich wollte Wege finden, wie ich den Londonern begreiflich machen konnte, in welcher Weise sich der Klimawandel auf ihr Leben auswirkte.

Meine Rede im Great Ormond Street Hospital bildete somit den Auftakt unserer riesigen Aufklärungskampagne, die darauf abzielte, Menschen in der gesamten Hauptstadt für unser Anliegen zu gewinnen. Unsere Überzeugungsarbeit bestand aus drei Komponenten. Zunächst einmal brauchten wir bessere Informationen. Bevor wir die Londoner davon überzeugen konnten, dass die Luftqualität von Bedeutung war, benötigten wir Daten, um unsere Argumentation zu untermauern: Wir mussten ihnen zeigen, wann und wo die Luftverschmutzung auftrat. In den ersten hundert Tagen meiner Amtszeit führten wir Maßnahmen zur Überwachung der Londoner Luftqualität ein. Die mit Hilfe von Messgeräten an über hundert verschiedenen Standorten überall in der Stadt erfassten Daten wurden der Öffentlichkeit in Echtzeit zugänglich gemacht. Außerdem starteten wir in einigen der am stärksten von der

Verschmutzung betroffenen Gegenden Londons unser Programm zur Überprüfung der Luftqualität an Schulen und Kindertagesstätten, das *School and Nursery Air Quality Audit Programme,* das in fünfzig Grundschulen und zwanzig Kitas umgesetzt wurde. In den Prüfberichten wurden Vorschläge zur Reduzierung von Emissionen und der damit verbundenen Belastung der Kinder gemacht – sie reichten von der Bitte an die Elterntaxis, den Motor vor der Schule abzuschalten, um so die Abgase zu reduzieren, über eine Umgestaltung der Straßen vor Ort bis hin zu grünen Infrastrukturmaßnahmen wie die Pflanzung von Hecken und Sträuchern entlang vielbefahrener Straßen und auf Spielplätzen, die die Abgasfilterung unterstützen und damit die Schadstoffbelastung vermindern sollten. Nach und nach führten wir individuelle Messgeräte ein, die die Kinder auf ihrem Schulweg mitnehmen konnten: speziell angepasste Rucksäcke mit einem integrierten Prüfgerät, das die Luftqualität erfasste.

Zweitens mussten wir bessere Möglichkeiten finden, um Menschen zu warnen, wenn die Luftqualität schlecht war. Wenige Wochen nach meinem Amtsantritt beauftragten wir *Transport for London* damit, ein Paket von Warnhinweisen zu entwickeln, um die Londoner Bevölkerung besser informieren zu können, wenn die Luftqualität gefährliche Werte erreichte. Im August hatte ich die Einführung von Warnhinweisen bezüglich der Luftqualität über die Anzeigen der mehr als 2.500 Bushalte- und Bootsanlegestellen in ganz London sowie über die 140 Anzeigen am Rande der meistbefahrenen Straßen und die elektronischen Anzeigen an den Eingängen aller 270 U-Bahnstationen angekündigt.

Der Tag, an dem wir unsere erste Alarmmeldung ausgaben, um die Londoner Bevölkerung vor einem gefährlich hohen Verschmutzungsgrad der Luft zu warnen, war ein sehr denkwürdiger. Shirley und der Leiter meiner Abteilung für Luftqualität, Elliot Treharne, hatten mich mit sämtlichen wissenschaftlichen

Daten versorgt, die ich benötigte, um zu zeigen, warum der Alarm notwendig war. Aber angesichts des großen Medieninteresses und der Wichtigkeit dessen, dass die Londoner diesem Prozess vertrauten, wollte ich nicht riskieren, dass irgendetwas schiefgeht. Um noch einmal darüber nachzudenken, ging ich auf den Balkon in der obersten Etage des Rathauses, wo ich oft Medieninterviews gab. Sobald ich dort oben angekommen war und zur Tower Bridge und zur Themse herüberschaute, die sich Richtung Westminster schlängelte, konnte ich den unverkennbaren Dunst der Verschmutzung sehen, der sich gerade zu setzen begann. Ich hatte keinerlei Zweifel daran, dass dies eine schlimme Episode sein würde. Also erteilte ich meinem Team die Anweisung, »den Knopf zu drücken«. Wie sich herausstellen sollte, war das mehr als nur eine Redewendung: Später kam ich dahinter, dass der Alarm tatsächlich durch einen speziellen Knopf ausgelöst wird, und an jenem Tag hatte die Person, die dafür verantwortlich war, besagten Knopf zu betätigen, sich dafür entschieden, ihre Teepause in einem äußerst ungelegenen Moment zu machen – während viele von uns gespannt warteten, darunter einige Journalisten, die bei einem Bus standen, auf dem große Ziffern einen Countdown herunterzählten. Der Alarm verzögerte sich um eine halbe Stunde – was zwar kein Weltuntergang, aber doch etwas peinlich war.

Bald darauf begannen wir außerdem damit, für die Londoner Bevölkerung Informationen über die Auswirkungen der Luftverschmutzung zu veröffentlichen – einschließlich interaktiver Karten zur Luftqualität, die den Grad der Luftverschmutzung in London anzeigten – und zu erläutern, welche Maßnahmen man ergreifen konnte, um die eigene Belastung zu minimieren. Im Laufe der Zeit führte uns dies dazu, eine neue Partnerschaft mit dem Londoner King's College zu finanzieren, um die Öffentlichkeit und insbesondere die gefährdetsten Gruppen per SMS über Episoden schlechter Luftqualität zu informieren.

Die wichtigste Säule unserer Überzeugungsarbeit war allerdings die dritte: die Aufmerksamkeit immerzu und überall auf dieses Thema zu lenken. Wenn unsere Maßnahmen erfolgreich sein sollten, mussten wir nicht nur die Luftqualität überwachen und die dabei gewonnenen Informationen veröffentlichen. Wir mussten die Menschen dazu bringen, diese Problematik tatsächlich wahrzunehmen. Inspiriert von Initiativen wie *Mums for Lungs* – eine 2017 in Brixton gegründete Organisation, die eine wesentliche Rolle dabei spielte, das Bewusstsein für dieses Thema zu erhöhen –, begannen wir daran zu arbeiten, wie wir unsere Botschaft verbreiten konnten. Das sollte sich als der anregendste Teil unserer Gespräche über Luftqualität erweisen. Viele Politiker teilen die landläufige Auffassung, dass der Wahlkampf Spaß macht, aber das Regieren langweilig ist – bestimmt von Kleinigkeiten, Bürokratie und vielen, vielen (sehr vielen!) Treffen mit Interessengruppen. Der ehemalige Gouverneur des Bundesstaates New York, Mario Cuomo, hat es einmal so formuliert: »Wahlkampf ist Poesie – Regieren ist Prosa.«[6] Ich verstand, was er damit meinte: Den Wahlkampf habe ich immer geliebt, aber ich kann nicht behaupten, dass ich für Treffen mit Interessengruppen dieselbe Leidenschaft aufbringen kann. Doch wenn es um die Frage der Luftqualität ging, so erkannten wir, dass in diesem Bereich unserer Regierungsarbeit auch die Poesie gefragt war. Es reichte nicht aus, lediglich die richtige Antwort auf eine politische Frage zu finden: Die Menschen mussten in die Antwortsuche miteinbezogen werden. Und dafür wäre die Poesie immer das effizientere Mittel. Oder zumindest meine nicht gerade pulitzerpreiswürdige Art der Poesie.

In der Praxis neigte diese Poesie dazu, bei zahllosen Veranstaltungen sowie auf Postern und Plakatwänden zum Thema Luftqualität zur lyrischen Schwärmerei auszuarten. Anlässlich unseres jährlich stattfindenden »Autofreien Tages« lösten einmal Yogamatten und »Herabschauende Hunde« die üblichen Verkehrsstaus ab, als die Sonne über der Tower Bridge aufging. Nur einen Steinwurf davon entfernt wurde Londons Finanzviertel von Kindern erobert, die auf den verkehrsfreien Straßen Go-Kart-Rennen veranstalteten. Doch das vielleicht wirkmächtigste Werkzeug, das uns zur Verfügung stand, waren Informations- und Werbebotschaften auf und in den Fahrzeugen der Londoner Verkehrsgesellschaft *Transport for London*, mit denen tagtäglich beinahe drei Millionen Menschen unterwegs waren. Im Rathaus haben wir zahllose Sitzungen darüber abgehalten, wie diese Botschaften konkret aussehen sollten – sie mussten einem sofort ins Auge springen, ohne jedoch eine abschreckende Katastrophenstimmung zu verbreiten. Unsere wirkungsvollste Kampagne sollte 2017 an den Start gehen. Vor Inkrafttreten der »T-Charge« haben wir in ganz London Anzeigen geschaltet, die ekelerregende Bilder von Alltagsgegenständen zeigten, die mit schwarzen Rußpartikeln überzogen waren, darunter ein Kaffeebecher und ein Babyfläschchen. Ich erinnere mich noch, dass ich die Bilder regelrecht körperlich abstoßend fand, als meine Bürgermeisterdirektorin Leah Kreitzman sie mir das erste Mal vorlegte. Dazu die Bildunterschrift: »Wenn Sie Londons Luft sehen könnten, würden Sie sie auch reinigen wollen.«[7]

Als unsere Initiative, die Öffentlichkeit bezüglich der Krise der Luftqualität aufzuklären, Fahrt aufnahm, wurde mir das Eigenartige einer Kampagnenführung mitten in der Amtszeit bewusst.

Wenn man sich in einem Wahlkampf befindet, steht das Endresultat in absehbarer Zeit fest und fällt eindeutig aus. Entweder man gewinnt die Wahl oder eben nicht. Nervenaufreibend, aber simpel.

Doch jetzt, da ich als Bürgermeister im Amt war, waren die Kampagnenziele weniger greifbar. Mein Anliegen war es, die Öffentlichkeit davon zu überzeugen, dass die Umwelt und die Luftqualität für sie wichtig waren. Es gab keinen konkreten Zeitpunkt, an dem ich hätte sagen können, dass unsere Kampagne »abgeschlossen« sei – und häufig war nicht klar, ob sie überhaupt funktionierte. Natürlich haben wir gelegentlich Umfragen in Auftrag gegeben (auch wenn Befragungen innerhalb der Londoner Bevölkerung nicht immer die genauesten sind). Aber wir hatten nie Gewissheit, ob unsere Botschaft tatsächlich zu den Menschen durchdrang.

Das hieß, dass ich, als unsere Überzeugungskampagne in vollem Gange war, geradezu besessen nach Anzeichen dafür zu suchen begann, ob die Dinge gut (oder schlecht) liefen. Das war ein merkwürdiger Prozess. Ich weiß noch, dass es mich komischerweise freute, als sich Labour-Ratsvorsitzende und -Parlamentsabgeordnete darüber zu beschweren begannen, dass ihre Wähler verärgert seien, weil ich mich zu sehr auf die Klimaproblematik konzentrierte. Das bedeutete immerhin, dass es den Menschen auffiel. Ähnlich erging es mir auch im Sommer, als ich beim *Fringe Festival* in Edinburgh die Show von Frank Skinner besuchte. Er eröffnete mit dem Satz: »Es tut mir wirklich leid, dass wir ein paar Minuten Verspätung haben. Wir mussten erst noch eine Sitzerhöhung für Sadiq Khan, den Bürgermeister von London, auftreiben.«* Das sorgte für großes Gelächter und Applaus. Doch ich verzieh ihm sehr bald, dass er mich zur Zielscheibe seines Eröffnungswitzes gemacht hatte, als er während der gesamten Show immer wieder zum Thema »Londons giftige Luft« improvisierte, indem er zum Beispiel vorgab, husten zu müssen, oder sich darüber lustig machte, dass ich angesichts all der Veränderungen, die ich auf den Weg brächte, um die Luftproblematik in den Griff zu bekommen, noch die Zeit hätte, nach Edinburgh zu fahren. Botschaft angekommen!

Erst im August 2016, als wir die Ergebnisse unserer Konsul-

* Sadiq Khan ist ca. 1,65 m groß (Anm. d. Ü.).

tation erhielten, sollten wir wirklich erfahren, welche Wirkung unsere Kampagne erzielt hatte. Auf Konsultationsergebnisse zu warten, fühlt sich häufig wie ein kleiner Wahlabend an. Man arbeitet gegen die Nervosität an und versucht, seinem Alltagsgeschäft nachzugehen – wohl wissend, dass jederzeit eine Nachricht eintreffen kann, die alles verändern könnte. Ein bisschen fühlt es sich an wie das Warten auf Prüfungsergebnisse. Doch als die Resultate schließlich eintrafen, war die Stimmung im Rathaus geradezu ekstatisch. Seit die Konsultation im Great Ormond Street Hospital offiziell an den Start gegangen war, hatten fast 15.000 Menschen daran teilgenommen. Die Ergebnisse zeigten, dass 79 Prozent der Befragten über eine hochgradige Luftverschmutzung informiert werden wollten, um entsprechende Maßnahmen zum Schutz ihrer Gesundheit ergreifen zu können. Die »T-Charge« für schadstoffreiche Fahrzeuge stieß sogar auf eine noch größere Zustimmung: 81 Prozent der Befragten waren dafür.[8] Eine klare Mehrheit sprach sich auch für die Einführung der Ultra-Niedrigemissionszone aus – tatsächlich gab es sogar für deren Ausweitung auf Gebiete jenseits der Londoner Innenstadt eine Mehrheit.

Wir hatten die Prüfung also bestanden. Innerhalb weniger Monate war es uns gelungen, den wahren Zustand der verdreckten Londoner Luft aufzuzeigen und die Bevölkerung für die dagegen zu ergreifenden Maßnahmen zu gewinnen. Für mich war die Lektion ganz simpel. Die Politiker hatten aus all den deprimierenden Umfragen über die Haltung der Öffentlichkeit zum Thema Klimawandel die falschen Schlüsse gezogen. Auch wenn man uns hatte weismachen wollen, dass es sich dabei um eine Problematik von »geringer Salienz« handelte, so war es dennoch möglich, die Menschen dazu zu bringen, sich für die Umwelt zu interessieren. Und das nicht nur im abstrakten Sinne – in Form von Zahlen einer Tabellenkalkulation oder komplexen Klimamodellen für das Jahr 2050 –, sondern indem wir ihnen demonstrierten, dass das Thema im Hier und Jetzt für sie von Bedeutung war. Wir hatten ihnen vor Augen geführt, dass die Klimakrise längst angekommen war – in den Straßen, die sie entlanggingen, in den Parks, in denen ihre Kinder spielten, und in der Luft, die sie atmeten.

Einige Sommer später wurde ich von James O'Brien, einem Moderator von *LBC Radio*, der mich in seiner täglichen Sendung regelmäßig in die Mangel nahm, eingeladen, seine örtliche Grundschule als Gast des Sommerfestes zu besuchen. Die Schule – St Mary's Primary – lag direkt neben der Fernverkehrsstraße A4 in Chiswick. Shirley Rodrigues berichtete mir, dass es eine der ersten Schulen war, die von der Neuausrichtung der Umweltpolitik und -finanzierung des Londoner Rathauses profitiert hatte. Sie hatte eine 126 Meter lange begrünte Wand errichtet und damit den längsten vertikalen Garten in ganz Großbritannien geschaffen, in dem rund um den Schulhof mehr als 12.000 Pflanzen präsentiert wurden. Shirley schlug vor, dass wir die Einladung annehmen und uns das Ganze einmal anschauen sollten.

Angeführt von Andrea Carnevali, einem stolzen Vater, bereitete es den Eltern, Lehrern, Mitgliedern des Schulbeirats und den Kindern große Freude, mir die neuen Pflanzen an der Wand, die frisch angelegte Grünfläche und den Garten zu zeigen. Dieser war wunderschön: eine kleine Oase mitten in der Stadt, die irgendwann der Öffentlichkeit ebenso zugänglich sein würde wie den Schülern. Ich wurde aufgefordert, selbst eine Pflanze einzusetzen. Wie immer bekannte ich mich zu meiner Stammeszugehörigkeit und dekorierte sie entsprechend mit einem roten Schildchen, auf das ich meinen Namen schrieb. Andrea wies mich zurecht – »Wir betreiben hier keine Parteipolitik!« – und ermunterte mich, eine zweite Pflanze mit einem blauen Schildchen hinzuzufügen. In den Klassenräumen wiederum waren Filteranlagen zur Verbesserung der Luftqualität installiert worden. Auf die Wände hatte man sogar Hightech-*Airlite*-Farbe aufgebracht, die durch die Neutralisierung von Schadstoffen und gefährlichen Chemikalien für eine sauberere Luft sorgte.

Als ich von einem Klassenzimmer zum anderen ging, dachte ich darüber nach, wie weit wir seit jenem ersten Besuch der Sir John Cass's Foundation Primary School bereits gekommen waren. Diese Kinder hatten verstanden, worum es geht, und ihre Eltern und Lehrer auch. Die Klimakrise war eine Gesundheitskrise, und zwar eine, die genau in diesem Augenblick stattfand. Aber es war eine Krise, die wir anpacken konnten, und genau das würden wir tun. Wenn es uns sogar gelungen war, die Luft direkt neben der A4 im Westen Londons zu verbessern, gab es keinen Ort, an dem es uns nicht möglich war, etwas zu bewirken.

Hindernis 3

Zynismus

Als ich in meinem Büro im achten Stock des Rathauses saß, konnte ich mitanhören, wie die Diskussion vor meiner offenen Bürotür immer hitziger wurde:

»Mach dich nicht lächerlich! Er kann ihnen unmöglich die Hand schütteln.«

»Na gut, aber er kann ihnen den Händedruck auch schlecht verweigern, oder? Gibt es heutzutage denn nichts, womit sich Sekundenkleber wieder lösen lässt? Können wir sowas noch rechtzeitig besorgen?«

Es war der 29. April 2019 und London steckte mitten in einer riesigen Protestwelle von *Extinction Rebellion (XR)*. In den vorangegangenen Monaten hatte die Bewegung mit einer Reihe von immer gewagteren Aktionen Schlagzeilen gemacht, die darauf abzielten, die Aufmerksamkeit für den Klimawandel zu erhöhen. Bei ihren ersten Aktionswochen im November 2018 waren Tausende von Menschen auf die Straßen und Brücken von London gezogen, knapp einhundert Personen waren verhaftet worden. Im April 2019 hatte sich das Ganze auf eine großangelegte Besetzung von fünf Orten quer durch London ausgeweitet: Piccadilly Circus, Oxford Circus, Waterloo Bridge, Parliament Square und Marble Arch. Außerdem war im April ein pinkfarbenes Boot aufgetaucht, das nach der ermordeten honduranischen Umweltaktivistin Berta Cáceres benannt war und auf dem der Satz »Tell the Truth« (»Sagt die Wahrheit«) prangte. Die Protestierenden harrten fast eine Woche lang ununterbrochen an diesen Orten aus und befestigten sich massenweise an Lkws (und Booten). Letztlich wurden innerhalb von zehn Tagen mehr als 1.100 Menschen festgenommen.

Jetzt sollten einige Mitglieder von *Extinction Rebellion* ins Rathaus kommen. Schon am allerersten Tag war mir klar geworden, dass die Bewegung die Menschen in ihren Bann schlug. Sie hatte das gleiche Ziel wie ich: die Apathie zu bekämpfen, die große Teile der Londoner Bevölkerung angesichts des Klimawandels verspürten. Also wollte ich mich mit ihnen austauschen. Daher hatte ich mein Team gebeten, sie entgegen der Empfehlung einiger meiner leitenden Berater ins Rathaus einzuladen.

Was ich für eine simple Aufgabe hielt, erwies sich als unerwartet kompliziert. *Extinction Rebellion* besitzt eine ungewöhnliche, nicht hierarchisch gegliederte Struktur – darum dauerte es eine Weile herauszufinden, welche Mitglieder für dieses Treffen überhaupt geeignete Ansprechpersonen waren. Schließlich vereinbarte mein Büro ein Gespräch mit Farhana Yamin, einer führenden, international tätigen Umweltanwältin sowie Expertin für Klimawandel und Entwicklungspolitik, mit Sam Knights, einem Schauspieler und Autor, der für *Extinction Rebellion* als politischer Stratege fungierte, sowie mit Skeena Rathor, Labour-Ratsmitglied in Stroud.

Doch selbst angesichts einer so beeindruckenden Gruppe von Aktivisten hatten mein persönliches Büro und mein Sicherheitsteam verständlicherweise Bedenken. *Extinction Rebellion* war für ihren Anarchismus bekannt, und in den zurückliegenden Wochen waren die Mitglieder dazu übergegangen, sich an Gebäude zu kleben oder festzuketten, um maximale Störungen zu verursachen. Erst wenige Tage vorher hatten sich einige Aktivisten mit Sekundenkleber an die zwei Drehtüren des Haupteingangs des Rathauses geklebt. Kurz vor unserem Treffen erfuhren wir zudem, dass Farhana zwei Wochen zuvor festgenommen worden war, weil sie sich auf den Gehweg festgeklebt hatte, der zum Shell-Hauptquartier führt, und Sam, weil er sich während einer Erdölkonferenz an die Türen des InterContinental-Hotels in der Park Lane geklebt hatte. Den beiden in nichts nachstehend, hatte Skeena sich etwa zur selben Zeit an einen Zaun vor dem Haus des Labour-Vorsitzenden Jeremy Corbyn gekettet.

All dies sorgte dafür, dass die Frage, ob man den dreien die Hand schütteln sollte, problematischer war, als es normalerweise der Fall gewesen wäre – was auch zu der Diskussion vor meinem Büro geführt hatte. Mein Team wollte unbedingt verhindern, dass ich irgendwo »festgeklebt« würde. Ihnen dabei zuzuhören, wie sie das miteinander ausfochten, brachte mich dazu, über die Absonderlichkeit meines Amtes nachzudenken. Als Bürgermeister hat man nur sehr selten Gelegenheit, das zu sehen, was ich als »duck's legs« (»Entenbeine«) bezeichne – die unglaubliche Menge an Beinarbeit, die sich unterhalb der Oberfläche abspielt, um Prozesse voranzubringen. In diesem Moment war ich meinem kompetenten Team sogar noch dankbarer als sonst, weil es immer vor Risiken auf der Hut war: ob es dabei um einen Fehltritt bei der Öffentlichkeitsarbeit oder, wie in diesem Fall, um Sekundenkleber an den Händen ging.

Am Ende rieten sie mir, auf den Händedruck mit Farhana, Sam und Skeena zu verzichten. Aber ich beschloss, diesen Rat nicht zu befolgen. Ich hatte Farhana und Sam in Medieninterviews erlebt, und es war offensichtlich, dass sie klug, entschlossen und bestimmt nicht so dumm waren, ein derart wichtiges Treffen zu vertun, indem sie den Sekundenkleber zückten. Es sollte sich herausstellen, dass meine Entscheidung die richtige war. Als ich den Sitzungsraum in der achten Etage betrat, begrüßten wir uns herzlich und mit einem Lächeln. Beim gegenseitigen Händeschütteln gab es von Klebstoff keine Spur.

Aber noch war ich nicht aus dem Schneider. Trotz der anfänglichen Freundlichkeit war von dem Augenblick an, da wir uns setzten, klar, dass dieses Treffen eine Herausforderung darstellen würde. Der Ton im Raum wurde sehr bald ernst, beinahe düster.

Ich konnte nachvollziehen, warum *Extinction Rebellion* misstrauisch war. Die argwöhnische Haltung der Gruppierung gegenüber etablierten Politikern war weiter verbreitet, als mir lieb war. Als ich Bürgermeister wurde, war ich unter anderem überrascht von der großen Skepsis, die grüne Aktivisten und Wohltätigkeitsorganisationen – ganz zu schweigen von Unternehmen und Interessenvereinigungen – politischen Führungspersönlichkeiten entgegenbrachten. In vielen Fällen waren sie der Meinung, ich sei nur darauf aus, in der Politik möglichst billig zu punkten, und das womöglich noch auf ihre Kosten.

Eines war klar: Um dieses Treffen mit *Extinction Rebellion* zu einem Erfolg zu machen, würde ich auf all die Lektionen zurückgreifen müssen, die ich in den drei Jahren als Bürgermeister von London gelernt hatte. Mit Sicherheit gab es einen Weg, ihre Skepsis gegenüber der etablierten Politik zu überwinden. Doch wie sah der aus?

Statistiken über das Vertrauen der Menschen in die Politik lesen sich oft deprimierend. Gegen Ende des Zweiten Weltkriegs war nur jeder Dritte im Vereinigten Königreich der Auffassung, dass Politiker »auf ihren eigenen Vorteil aus« waren. Heute hat sich diese Zahl auf beinahe zwei Drittel verdoppelt.[1] Man kann sich vorstellen, warum. Dank Spesenskandal, der unredlichen Brexit-Kampagne und den Partys von Premierminister Boris Johnson in der Downing Street während des Corona-Lockdowns ist unsere Zeit zur Ära der politischen Desillusionierung geworden. Zu dem Zeitpunkt, da ich dies schreibe, haben drei Viertel der Bevölkerung kein Vertrauen darin, dass die Regierung Entscheidungen trifft, die ihr Leben verbessern werden.[2]

Wenn es um den Klimawandel geht, stößt man auf dasselbe Muster. Obwohl im weltweiten Vergleich angesichts dieser Problematik kaum eine andere Bevölkerung so sehr besorgt ist wie die britische – drei Viertel der Menschen sagen, wir müssen »dringend alles Notwendige dagegen tun« –, ist das Vertrauen darin, dass die Politiker diesen Wandel zustande bringen, gering.[3] 69 Prozent der Briten glauben, dass sie selbst sich mehr Sorgen um den Klimanotstand machen als unsere gegenwärtige Regierung.[4]

Jeder Politiker hat dieses zersetzende Ausmaß des Misstrauens schon am eigenen Leib erfahren. Während meiner Versuche, die Bürgermeisterkandidatur zu gewinnen, habe ich sehr viel Zeit mit grünen Umweltgruppen verbracht – von *Friends of the Earth*, über die *Green Alliance* bis hin zu *SERA*, dem Umweltverband der Labour-Partei. Für mich waren unsere Gespräche eine Freude und ich habe dabei jedes Mal viel gelernt. Mir war bewusst, dass ich als Bürgermeister nicht darauf hoffen konnte, es immer allen Nichtregierungsorganisationen und Interessengruppen recht zu machen, allerdings war ich im Gegensatz zu manch anderem Politiker nicht darauf aus, sie allesamt und immerzu vor den Kopf zu stoßen und darauf auch noch stolz zu sein. Trotzdem waren sie von mir nicht immer allzu begeistert. Viele dieser Gruppierungen waren davon überzeugt, dass Politiker geborene Lügner waren und die Klimakrise niemals so ernst nehmen würden, wie sie es tun sollten. Sie wiesen darauf hin, dass das im Jahr 2008 von der Labour-Regierung verabschiedete Klimaschutzgesetz nur mehr eine blasse Erinnerung sei – und dessen Zielsetzungen von den Nachfolgeregierungen nicht wiederaufgenommen worden waren. Der große Hoffnungsträger in Sachen Umweltschutz, der Tory-Bürgermeisterkandidat von 2016, Zac Goldsmith, hatte diese Probleme während seiner Wahlkampagne so gut wie nie erwähnt. Daher war es durchaus nachvollziehbar, dass viele politisch engagierte Menschen äußerst misstrauisch waren, ob Politiker es mit dem Kampf gegen die Klimakrise wirklich ernst meinten.

Anfang 2016 machte mir ein Vorfall das Ausmaß dieser Desillusionierung ein für alle Mal klar. Im März hatte ich in der Royal Society of Medicine an einem Wahlforum teilgenommen, das von der *Green Alliance* organisiert worden war, einer unabhängigen Denkfabrik und Wohltätigkeitsorganisation mit Schwerpunkt Umweltschutz. Nach Ende der Veranstaltung mischten sich die Bürgermeisterkandidaten bei einem Umtrunk unter das Publikum, das aus Mitgliedern der Öffentlichkeit und Vertretern von Umweltschutzgruppen bestand. Der Empfang fand in einem Foyer statt, das aus diesem Anlass mit lauter Grün bestückt worden war, was mir den einstigen Kulturminister Jeremy Hunt in Erinnerung rief, der sich seinerzeit einmal hinter einem Baum versteckt haben soll, um nicht mit Journalisten sprechen zu müssen (er wäre hier voll und ganz auf seine Kosten gekommen, dachte ich). Ich war in bester Stimmung, bis ich mich mit einer Zuschauerin konfrontiert sah, die mir sagte, sie könne mir keinen einzigen Politiker nennen, der nach seiner Wahl seine Klimaversprechen eingehalten hätte. Sie sagte, dass ich mich, falls ich ins Bürgermeisteramt gewählt werden sollte, nach wenigen Monaten auf Probleme des »Alltagsgeschäfts« wie Wohnungsbau, Verkehr und Polizei konzentrieren würde und die Beziehungen zu Umweltschutzgruppen, die ich aufzubauen versucht hatte, in Vergessenheit geraten würden. Als sie zunehmend wütender wurde, habe ich mich nicht hinter einem Baum versteckt, worauf ich sehr stolz bin (obwohl ich darüber nachdachte).

Dieses Misstrauen wurde mir jedoch nicht nur von Aktivisten entgegengebracht. Bei Unternehmen waren die Vertrauenswerte in Bezug auf Politiker geradezu unterirdisch. Die Führungsriege der Labour-Partei war zum damaligen Zeitpunkt auch keine Hilfe. In meinen Anfangsjahren als Bürgermeister war Jeremy Corbyn Parteivorsitzender, was einen gewissen Ballast mit sich brachte. Unsere Haltung zum Brexit war nicht eindeutig gewesen und es gab Bedenken, dass eine Labour-Regierung die dringend benötigten Investoren aus dem Bereich der Privatwirtschaft abschrecken könnte. Ich war sehr daran interessiert, mich mit Geschäftsführern und Unternehmern zu treffen, um ihnen zu versichern, dass ich ein Bürgermeister sein würde, der sich für die Wirtschaft einsetzte, und um ihnen die Rolle zu erklären, die ich im Kampf gegen die Klimakrise für die Privatwirtschaft ins Auge gefasst hatte. Doch das war nicht immer einfach. Viele Führungskräfte betrachteten Klimaschutzmaßnahmen lediglich als ein weiteres Hindernis für ihre kurzfristige Rentabilität – was in einer Stadt, in der 90 Prozent der Wirtschaft aus klein- und mittelständischen Unternehmen bestand, durchaus nachvollziehbar war.

All dies bedeutete, dass ich mich zu dem Zeitpunkt, da ich ins Rathaus einzog, keinerlei Illusionen darüber hingab, wie viel Vertrauen die Londoner Bevölkerung in einen Politiker mit einer grünen Agenda hatte. Ich erinnere mich an eine Begegnung mit einer grünen Aktivistin, die prägnant auf den Punkt brachte, worin ihrer Einschätzung nach das Problem bestand: »Das Ärgerliche an euch Politikern ist, dass ihr immer das eine sagt und das andere tut.«

Einer der wesentlichen Gründe, weshalb es mich als Teenager zur Labour-Partei zog, war der Umstand, dass es sich hierbei um ein Bündnis handelt, das alle vereint – von Gewerkschaftern über Studierende bis hin zu radikalen Sozialisten und Sozialdemokraten. Voll von jugendlichem politischen Eifer, war ich vom grundlegendsten Prinzip der Labour-Bewegung begeistert: dass wir durch die Stärke unserer gemeinsamen Anstrengung mehr erreichen können als allein.

Noch heute finde ich diese Idee inspirierend. Beim Schmieden von Koalitionen geht es darum, mit Menschen zusammenzukommen, die die eigene politische Anschauung nicht teilen. Nehmen wir zum Beispiel Lyndon B. Johnson, der von 1963 bis 1969 Präsident der Vereinigten Staaten war. Seine Bereitschaft, die Spaltung der amerikanischen Politik zu überwinden, ermöglichte es ihm, in den ersten zwei Jahren seiner Amtszeit das Bürgerrechtsgesetz – den *Civil Rights Act* – sowie das Wahlrechtsgesetz – den *Voting Rights Act* – zu verabschieden. Bei einer effizienten politischen Führungsrolle kommt es darauf an, die Unterstützung derer zu gewinnen, die andere Ziele haben als man selbst, ob es sich dabei nun um Aktivisten, Unternehmen oder einfach um engagierte Mitglieder der Öffentlichkeit handelt. Während viele dieser Menschen gegenüber den Angeboten von Politikern misstrauisch sein werden, ist es wichtig beharrlich weiterzumachen. Das übergeordnete Ziel besteht darin, eine Gruppe verschiedenster Leute um sich zu versammeln und ihre vereinten Energien für ein einziges Ziel nutzbar zu machen.

Seit meinen frühesten Tagen in der Politik war dies mein Rezept gegen die Desillusionierung. Das Gespräch – und die Zusammenarbeit – mit Menschen verschiedener Ansichten stellt einen möglichen Anfang dar, um Zynismus durch Hoffnung zu ersetzen.

In der Praxis umfasst dieser Prozess der Koalitionsbildung für gewöhnlich ein paar einfache Schritte. Zunächst einmal muss man mit Leuten ins Gespräch kommen, die andere politische Anschauungen vertreten, und dabei so gut wie nur irgend möglich versuchen, ihr Anliegen zu verstehen. Wie wirkmächtig diese Art des »aktiven Zuhörens« ist, wurde während des Bürgermeisterwahlkampfs im Jahr 2016 deutlich. Paddy Hennessy, ein erfahrener Journalist und Leiter meiner Kommunikationsabteilung, musste einigen meiner jüngeren, trendigeren Teammitglieder das Konzept hinter der »Krabbencocktail-

Offensive« erläutern. Dieser Begriff war verwendet worden, um die Versuche zu beschreiben, die die Labour-Partei in den 1990er Jahren unternommen hatte, um die Unterstützung von Unternehmen für sich zu gewinnen, indem sie sich mit deren Führungsetage traf, deren Anliegen besprach und ihnen die Position der Labour-Partei persönlich darlegte. (Der Legende nach fand dies üblicherweise bei einem Krabbencocktail statt, obwohl viele der damals Anwesenden leugnen, auch nur ein einziges Krustentier verspeist zu haben.) Paddy wollte unbedingt, dass ich meine eigene Krabbencocktail-Offensive startete. Angesichts der altmodischen 1970er-Jahre-Symbolik entsetzt, suchten die hipperen Mitglieder meines Wahlkampfteams dringend nach einem anderen Namen. Nach einigen erhellenden Diskussionen einigten wir uns auf »Ceviche-Kampagne« – bei Ceviche handelte es sich, wie ich erfuhr, um ein peruanisches Fischgericht, das Londons coolste Restaurants gerade im Sturm eroberte.

Ein besonders nervenaufreibender Moment unserer Ceviche-Kampagne war meine Begegnung mit Mike Bloomberg, dem ehemaligen New Yorker Bürgermeister und einem der erfolgreichsten Geschäftsmänner der Welt. Sein Finanzinformationsunternehmen Bloomberg hatte in London eine große Filiale mit über 4.000 Angestellten, und er baute auf einen neuen europäischen Hauptsitz in London. Ich wollte Mike unbedingt treffen, um ihm meine unternehmensfreundlichen Referenzen zu präsentieren und ihn dahingehend auszuhorchen, wie man erfolgreich für das Bürgermeisteramt kandidierte. Aber seine Unterstützung war mir keinesfalls gewiss. Ich war ein relativ unbekannter Politiker, und da ich Mike noch nie zuvor begegnet war, war ich mir nicht sicher, ob wir uns verstehen würden. Es stand einiges auf dem Spiel. Bloomberg ist schließlich nicht nur ein ernstzunehmender Meinungsmacher, sondern betreibt außerdem ein beachtliches Medienunternehmen. Paddys Ansicht nach waren die Nachteile eines schlecht verlaufenden Treffens wesentlich größer als die Vorteile einer gelungenen Begegnung.

Als ich in Bloombergs Hauptsitz in London eintraf, war ich ziemlich nervös. Ich kam gerade aus der Londoner Zentrale der Labour-Kampagne, die eine enorme Verbesserung gegenüber den heruntergekommenen Räumlichkeiten in Whitechapel darstellte, die mir vor meiner Ernennung zum Bürgermeisterkandidaten als Wahlkampfbüro gedient hatten (einst Schauplatz eines frühmorgendlichen Dramas, bei dem eine tote Maus und ein Toaster eine Rolle spielten). Doch so stolz ich auch auf unser moderneres, nobleres Wahlkampfbüro war – Bloombergs glanzvoller Firmensitz war eine vollkommen andere Welt. Mein Ansatz während des Treffens war ganz einfach: genau zuzuhören, was Mike sagte, und zu versuchen, es direkt zu verinnerlichen.

Wie sich herausstellte, war Mike unglaublich bodenständig. Er beharrte darauf, dass eines der schlauesten Dinge, die man als Politiker tun könne, darin bestand, sich mit seinem Team ein Großraumbüro zu teilen, statt sich abzuschotten. Zur leichten Irritation meines Wahlkampfteams war es denn auch eine meiner ersten Maßnahmen nach dem Treffen, mein separates Büro aufzugeben und mit ihnen in einem Raum zu sitzen. Erst meine ständigen SMS-Nachrichten nach meinen Laufrunden im Morgengrauen und jetzt das. Mike wurde für mich zum Mentor und Freund, und ich lernte sein Team sehr gut kennen. Er war nicht nur ein erfolgreicher Geschäftsmann, sondern spielte außerdem international eine führende Rolle im Bereich Klimapolitik, und sein Rat war daher von unschätzbarem Wert. Ein sehr erleichterter Paddy kehrte in unsere Wahlkampfzentrale zurück, um den Mitarbeitenden und Freiwilligen zu verkünden, dass ich mit den Allerbesten mithalten könne, »sei es nun die Reinigungskraft im Busdepot oder ein amerikanischer Milliardär.« In den folgenden Jahren sollte Mike zu einem wesentlichen Teil unseres Bündnisses werden, das darauf abzielte, die Menschen für den Klimawandel zu sensibilisieren. 2018 nahm er mit dem international gefeierten Künstler Olafur Eliasson Kontakt auf, damit dieser schmelzende Eisblöcke aus Grönland an zwei öffentlichen Orten ausstellte – vor der Tate Modern und vor dem Hauptsitz von Bloomberg. Dieses Kunstwerk namens *Ice Watch* vermittelte eine eindringliche Botschaft bezüglich der Gefahren des Klimawandels: Das Schmelzen jedes einzelnen Blocks führte auf erschütternde Weise vor Augen, was sich gerade überall auf der Erde abspielte, von den alpinen Gletschern bis hin zur Arktis.

Zuhören allein reicht natürlich nicht, um dem Zynismus der Menschen zu begegnen. Dem Zuhören müssen Taten folgen – im Idealfall solche der anschaulichsten und offensichtlichsten Art. Häufig hieß das, eine ganz einfache Regel zu befolgen: »Mach dir die Finger dreckig.« Zu meinem Leidwesen hat mein Team diese Anweisung gelegentlich allzu wörtlich aufgefasst. So käme niemand, der mich am 1. Dezember 2018 gesehen hat, auf die Idee, das Dasein eines Bürgermeisters für glamourös zu halten. An jenem Samstagmorgen begab ich mich in den Bezirk Redbridge in East London, um dort an einer Veranstaltung im Rahmen unserer Kampagne *Trees for the Cities* (»Bäume für die Städte«) teilzunehmen. Da der eigentliche Ort der Aktion mehr als anderthalb Kilometer von der nächstgelegenen U-Bahnstation entfernt war, holte mich Ali Picton, die in der Nähe wohnte, dort ab, um mich zum Sammelpunkt der Freiwilligen zu begleiten.

Der Regen war geradezu biblisch, der Himmel tiefgrau. Ich dachte, mit meinen Stiefeln und einer anständigen Jacke sei ich für das Wetter gerüstet. Doch leider musste ich sehr bald feststellen, dass mein Begriff von einer »dem Wetter angemessenen Kleidung« ein vollkommen falscher war. Innerhalb weniger Minuten drang eiskaltes Wasser in meine Handschuhe und Stiefel ein, und meine angeblich wasserdichte Jacke war klatschnass. Danach wurde es nur noch schlimmer. Als wir an unserem Zielort ankamen, stellten wir fest, dass wir noch einen Zaun überwinden und anschließend ein riesiges Schlammloch überspringen mussten, um zu dem angegebenen Treffpunkt zu gelangen. Ali absolvierte diese gymnastischen Übungen mit der ihr eigenen Anmut. Ich nicht. Ich bin mir nicht sicher, was den Vorbeifahrenden den größeren Unterhaltungsfaktor bot – meine eigenen unbeholfenen Versuche, über den Zaun zu springen, oder die der beiden stämmigen Personenschützer der Polizei, die meinem Beispiel folgten.

Hier ließ ich meinen Worten wahrhaftig Taten folgen, dachte ich. Die Veranstaltung war Teil der *National Tree Week* (»Nationale Baumwoche«), in der Menschen aus ganz London Tausende Setzlinge pflanzten, um den Beginn der winterlichen Baumpflanzsaison einzuläuten. Das gehörte zu meinem Ziel, London zur allerersten Nationalpark-Stadt zu machen, ein Wahlversprechen, das beinhaltete, London grüner, gesünder und wildwüchsiger zu gestalten – den Grüngürtel auszuweiten, unsere Grünanlagen zu pflegen und auszubauen und schließlich mehr als die Hälfte unserer Hauptstadtfläche zu begrünen.

Das Bäumepflanzen war während meiner ersten Amtszeit gelegentlich ein wunder Punkt. Einer der größten Fehler, die ich 2016 während meiner Wahlkampagne beging, war es, in Interviews und auf meiner Website zu behaupten, dass ich bis 2020 zwei Millionen Bäume pflanzen würde – was einer zwanzigprozentigen Erhöhung der Baumanzahl in London entsprach. Doch als ich es ins Rathaus geschafft hatte, begriff ich sehr schnell, dass es schlicht unmöglich war, dieses Ziel umzusetzen. Angesichts eines Mangels an geeigneten Flächen und der begrenzten Kapazitäten der Bezirke und Freiwilligenorganisationen hätten selbst fünf Amtszeiten eines Bürgermeisters nicht ausgereicht, diese Anzahl an Bäumen zu pflanzen, von nur einer Amtszeit ganz zu schweigen. Obwohl es diese Richtlinie nie in unser Wahlkampfprogramm geschafft hat, wird sie mir bis heute von meinen politischen Gegnern vorgehalten:

eine Mahnung, dass man stets und immer seine Hausaufgaben machen sollte, bevor man ein politisches Ziel verkündet.

Einer der Gründe, warum sich die Zwei-Millionen-Marke als schwer realisierbar erwies, lag ganz einfach auf der Hand: Zum Bäumepflanzen braucht man Menschen – und zwar viele. Auch als wir unser Baumpflanzziel auf mehrere Hunderttausend herunterkorrigierten, wurde uns sehr bald klar, dass wir ein riesiges Bündnis benötigen würden, um selbst diese Zahl zu erreichen. Wir brauchten eine ganze Armee von Baumpflanzenden, bestehend aus Schulkindern und Gemeindegruppen, Unternehmen und Lokalpolitikern. So kam es, dass ich mich an jenem tristen Dezembermorgen in Redbridge wiederfand und außerstande war, über einen Zaun zu springen. Der einzige Weg, die Menschen von der Notwendigkeit dieser Sache zu überzeugen, bestand darin, selbst mitanzupacken.

Als wir Baum um Baum pflanzten, ab und zu eine Pause einlegten, um eine Tasse lauwarmen Pulverkaffee zu trinken und uns unter einem undichten Pavillon eine kurze Verschnaufpause von dem Regen zu gönnen, tauschten wir uns über unser Leben und unsere Beweggründe dafür aus, diesen Samstag gemeinsam zu verbringen. Trotz unserer unterschiedlichen Altersgruppen, sozialen Klassen und Hintergründe einte uns alle dasselbe Ziel: ein freundlicheres, grüneres London zu schaffen. Am Ende dieses Tages war ich total dreckig und erschöpft, aber auch euphorisch. An diesem Wochenende waren überall in unserer Stadt mehr als 80.000 Bäume gepflanzt worden. Am Ende meiner ersten Amtszeit als Bürgermeister hatte unser Bündnis der Baumliebhaber über 340.000 Setzlinge gepflanzt.

Doch beim erfolgreichen Schmieden von Allianzen geht es vor allem darum, Wege zu finden, um verschiedenste Gruppierungen von Menschen zusammenzubringen – und ihnen aufzuzeigen, dass sie mehr gemein haben, als sie glauben. Ein diesbezüglich aufschlussreiches Beispiel war die Kampagne gegen die Erweiterung des Flughafens London Heathrow, die mit meiner Wahl im Jahr 2016 begann. Zu Beginn meines Wahlkampfs um das Bürgermeisteramt hatte ich öffentlich meinen Widerstand gegen eine dritte Startbahn erklärt. Innerhalb der Labour-Partei hat das viele überrascht: Nur wenige Jahre zuvor hatte ich im Parlament noch für eine dritte Startbahn gestimmt. Einige meiner Gegner beschuldigten mich daraufhin nicht nur der Inkonsequenz, sondern des politischen Opportunismus. In den sozialen Medien kursierten denn auch verschiedene entzückende Memes von Flipflops*, auf denen mein Konterfei prangte.

In Wahrheit jedoch hatte ich mich in den Jahren seit meiner Zustimmung zum Ausbau des Flughafens Heathrow auf einer politischen Reise befunden. Auf der Wahlkampftour war ich mit Gruppierungen wie *Greenpeace* und der *Heathrow Association for the Control of Aircraft Noise (HACAN)* zusammengetroffen, einer Anwohnerinitiative, die seit Jahrzehnten gegen eine dritte Startbahn kämpfte. Sie hatten mir von den 650 Flugzeugen berichtet, die täglich in Heathrow landeten – in den Stoßzeiten hieß das alle 45 Sekunden ein Flugzeug –, was zu einem nahezu konstanten Strom von Schadstoffen führte, die aus dem Himmel nach unten drifteten. *HACAN* wies mich außerdem auf Daten hin, die zeigten, dass infolge der Luftverschmutzung jährlich beinahe 10.000 Londoner vorzeitig starben. Die verunreinigte Luft machte Londons Bevölkerung krank. Sie hatte mich krank gemacht. Wie konnte ich da zu einer neuen Startbahn weiterhin Ja sagen?

Doch meine neue Haltung zu Heathrow bedeutete, dass ich sehr viel Überzeugungsarbeit leisten musste. Als Bürgermeister konnte ich die Pläne für eine dritte Startbahn nicht eigenmächtig beenden: Die Entscheidung lag letztlich in den Händen der Regierung. Und viele der bereits bestehenden

* Im Englischen bezeichnet »flip flopping« einen ständigen Richtungswechsel oder Gesinnungswandel (Anm. d. Ü.).

Gruppen, die gegen die dritte Startbahn kämpften, waren der Meinung, dass es mir nur ums politische Taktieren ginge. Schließlich war ich derjenige, der nur ein Jahrzehnt zuvor eine Erweiterung gefordert hatte. Schlimmer war jedoch, dass viele dieser Gruppierungen sich untereinander nicht grün waren: wenig überraschend, wenn man bedenkt, dass die Bandbreite im Bündnis gegen eine dritte Startbahn von Tory-Stadträten über radikale Kämpfer gegen die Luftverschmutzung bis hin zu riesigen Nichtregierungsorganisationen reichte.

Folglich bestand mein Ziel darin, eine bunt gemischte Truppe aus Aktivisten, lokalen Stadträten und Interessengruppen zusammenzubringen, denen es gemeinsam gelingen könnte, die Regierung zu einem Kurswechsel zu bewegen. Das hieß, jeden Einzelnen von ihnen sehr gezielt und behutsam dazu zu bringen, sich darauf zu konzentrieren, was sie miteinander gemein hatten. Als ich Bürgermeister wurde, entschied ich mich dafür, den Vorsitz der Londoner Verkehrsgesellschaft *TfL* selbst zu übernehmen, und wies diese an, *Greenpeace* ebenso wie den Londoner Stadtbezirken Hammersmith and Fulham, Hillingdon, Richmond, Wandsworth sowie dem Royal Borough of Windsor and Maidenhead Rechtsberatung und Rechtsbeistand anzubieten. Nur einer der genannten Bezirke wurde seinerzeit von der Labour-Partei regiert. Gemeinsam würde dieses Bündnis im Kampf gegen die dritte Startbahn eine wesentlich größere Schlagkraft entwickeln, als es sich eine einzelne dieser Gruppen jemals erhoffen konnte.

Vom Augenblick seiner Gründung an war dieses Bündnis sehr zerbrechlich. Aber es funktionierte. Nie werde ich die Szenen vergessen, die sich im Mai 2019 außerhalb des Gerichtssaals abspielten, nachdem die erste richterliche Überprüfung abgeschlossen worden war. Als ehemaliger Anwalt wusste ich, dass es nicht ungewöhnlich war, dass die Beteiligten vor dem Gerichtssaal auftauchten, um für ihre Sache um Unterstützung zu werben, insbesondere bei Fällen von großem öffentlichen

Interesse. Aber das hier übertraf alles. Der Hohe Gerichtshof wurde nicht nur von Aktivisten bevölkert, die Plakate und Slogans hochhielten und alle möglichen fantasievollen Outfits trugen – auch Anzug tragende Tory-Ratsmitglieder, Rentner aus den grünsten Vororten von Windsor und sympathisierende Geschäftsleute waren vertreten. Drinnen gab es nur noch Stehplätze: Als ich eintraf, sah ich, dass mir mein Team einen Sitzplatz neben dem Labour-Abgeordneten John McDonnell erkämpft hatte, der fröhlich mit einem höchst unwahrscheinlichen Gesinnungsgenossen plauderte – dem konservativen Vorsitzenden des Gemeinderats von Uxbridge. Unser Bündnis eben. Und wir hatten den Sieg davongetragen: Unser gemeinsames juristisches Vorgehen hatte uns eine Reihe entscheidender Zugeständnisse gesichert, darunter die Feststellung, dass die Erfüllung der Luftqualitätsnormen die »roteste aller roten Linien« sei. Der Bau der dritten Startbahn konnte nicht fortgesetzt werden, ohne dass wesentliche Maßnahmen zum Schutz der Luftqualität in London ergriffen würden. Der darauf folgende Kampf war nicht leicht – Anfang 2020 schließlich entschied das Berufungsgericht, dass der Beschluss der Regierung, den Bau der dritten Startbahn fortzusetzen, rechtswidrig sei, nur damit dieses Urteil anschließend vom Obersten Gerichtshof wieder aufgehoben werden sollte, aber in jeder Phase stand dieses ungewöhnliche, quer durch London reichende Bündnis an vorderster Front.

Am interessantesten war, wie sich diese Kampagne auf die Beziehung zu meinen vermeintlichen politischen Gegnern auswirkte. Ich merkte, wie der Zynismus und das Misstrauen, mit denen ich mich konfrontiert gesehen hatte, teilweise etwas nachließen, selbst vonseiten der Gruppierungen, die schon seit Langem eine gewisse Skepsis sowohl dem Rathaus als auch der Labour-Partei gegenüber hegten. Vielleicht hatte mein Handeln sogar bewirkt, dass sie begannen, ihr Vertrauen in Politiker zurückzugewinnen. Eine der Aktivistengruppen teilte uns mit, dass wir alle Forderungen ihres gesamten Teams zum Thema Luftqualität erfüllt hätten. In den Jahren seit meiner Wahl habe ich oft an die Aktivistin denken müssen, mit der ich 2016 nach meinem Wahlkampfauftritt bei der *Green Alliance* gesprochen hatte. Ich hoffe, ich habe dazu beigetragen, sie davon zu überzeugen, dass Politiker eben doch nicht alle gleich sind.

Als Farhana, Sam und Skeena mir im Sitzungsraum des Rathauses gegenübersaßen, gingen mir all diese Erlebnisse durch den Kopf. Die drei waren nicht per se feindselig; sie waren sogar ausgesprochen freundlich. Dennoch hatte sich innerhalb weniger Minuten eine gewisse Kälte über unsere Unterhaltung gelegt. *Extinction Rebellion* war keine Gruppierung, die dazu neigte, Politikern allzu große Sympathien entgegenzubringen.

Anfänglich lief unser Gespräch ganz gut; es ging um Fragen bezüglich der Klimaschutzpolitik des Rathauses. Nur wenige Monate zuvor hatte ich einen Klimanotstand ausgerufen und London damit zur weltweit ersten Stadt gemacht, die das getan hatte. Verständlicherweise wollte *Extinction Rebellion* sich vergewissern, dass es sich dabei nicht um einen bloßen PR-Gag gehandelt hatte, und erkundigte sich nach meiner Strategie im Kampf gegen die Krise. Ich führte aus, dass wir für London das Ziel festgesetzt hatten, bis zum Jahr 2030 die Klimaneutralität zu erreichen, und einen unabhängig geprüften Plan von Maßnahmen, den *Climate Action Plan*, umsetzten, der im Einklang mit dem Pariser Klimaabkommen stand, die globale Erwärmung auf 1,5° Celsius zu begrenzen. Das schien ziemlich gut anzukommen.

Doch dann begaben wir uns in unruhigere Fahrwasser. Die drei wollten, dass wir noch weitreichender und noch schneller agierten. Insbesondere bestanden sie darauf, dass ich eine »Bürgerversammlung« ins Leben rufen sollte: eine Gruppe ganz gewöhnlicher Menschen, die erörtern, diskutieren und

Empfehlungen dazu abgeben sollten, wie man auf den Klimanotstand reagieren sollte. Ähnlich wie bei einer Schöffentätigkeit sollten die Mitglieder im ganzen Land zufällig ausgewählt werden.

Am Anfang meiner Karriere hätte ich diese Idee wahrscheinlich einfach verworfen. Ich bin nie ein Fan solcher Initiativen gewesen, weil ich selten erlebt habe, dass sie funktionieren. Ich dachte, mit einer solchen Versammlung sei die Katastrophe gewissermaßen vorprogrammiert. Was, wenn die ausgewählten Personen die Klimapolitik Großbritanniens gar nicht weiterentwickeln wollten? Ich öffnete den Mund und schickte mich an, meine Zweifel zu äußern. Doch dann hielt ich inne. Ein Bild kam mir in den Sinn: eine Gruppe grüner Aktivisten, Tory-Stadträte und Rentner aus den Vororten saß zusammen in einem Hinterzimmer, um unsere Kampagne gegen den Bau der dritten Startbahn auszuarbeiten. Auch mit vielen von ihnen hatte ich kaum politische Ansichten geteilt. Dennoch gehörten diese Treffen zu den konstruktivsten meiner Laufbahn.

Meine Reaktion auf die Forderung von *Extinction Rebellion* war von jener Erinnerung inspiriert. Es war nachvollziehbar, dass die Menschen von den Politikern enttäuscht waren, wenn es ums Klima ging. Doch selbst wenn wir, die wir hier miteinander um diesen Tisch saßen, vielleicht uneins waren, was die Strategie anging, so verfolgten wir dennoch alle dasselbe Ziel. Und genau das sagte ich ihnen auch. Trotz meiner Bedenken willigte ich ein, die Idee einer Bürgerversammlung zu prüfen und eine Sitzung mit Wissenschaftlern, Stadträten und Politikexperten einzuberufen, um zu ergründen, wie ein solches Gremium organisiert werden könnte.

Es funktionierte. Man konnte förmlich spüren, wie die Spannung im Raum nachließ – innerhalb weniger Minuten führten wir ein konstruktives Gespräch und gaben sogar den ein oder anderen Witz zum Besten. Am Ende unserer Begegnung schienen alle relativ zufrieden zu sein. Ich war beeindruckt davon, wie Farhana, Sam und Skeena einige ihrer persönlichen Ansichten beiseitegeschoben hatten, um unser Treffen zu einem Erfolg zu machen. Und hoffentlich war es mir gelungen, sie davon zu überzeugen, dass ich die Klimabedrohung ernst nahm – selbst wenn wir nicht vollkommen darin übereinstimmten, wie man darauf reagieren sollte. Ich verabschiedete mich und kehrte umgehend in mein Büro zurück, weil ich mein Team unbedingt wissen lassen wollte, dass ich weder verletzt noch irgendwo angeklebt worden war.

Mein Versprechen, die Option einer Bürgerversammlung zu prüfen, habe ich gehalten. Seit 2019 haben etliche Londoner Stadträte solche Versammlungen speziell zum Thema Klimaschutz abgehalten. Und obwohl ich davon noch immer nicht komplett überzeugt bin, kann ich deren Vorteile erkennen: Durch sie kommen unterschiedlichste Menschen in einem Raum zusammen, um über die Umwelt zu diskutieren. Infolge ihrer späteren Protestaktionen wurden diese gemeinsamen Gespräche mit *Extinction Rebellion* leider immer schwieriger. Ich glaube leidenschaftlich an das Recht zu protestieren; immerhin war ich Menschenrechtsanwalt. Dennoch habe ich das Gefühl, dass es kontraproduktiv ist, auf rechtswidrige oder gefährliche Weise zu protestieren (und bei *Extinction Rebellion* war meist beides der Fall).

Dessen ungeachtet rufe ich mir noch heute, wann immer ich angesichts der Chancen unserer Klimaschutzagenda pessimistisch gestimmt bin, jenes Treffen mit Farhana, Sam und Skeena in Erinnerung. Zynismus, so denke ich oft, bringt Zynismus hervor. Wenn nur eine der um einen Tisch versammelten Personen der Meinung ist, dass alle anderen in böser Absicht handeln, überträgt sich diese schlechte Stimmung bald auf alle – und ein Weiterkommen ist nicht mehr möglich. Wenn man Politik hingegen als ein Mittel betrachtet, um solche Gräben zu überbrücken, eröffnet sich die Möglichkeit, jene Spannungen zu überwinden – und Zynismus durch Optimismus zu ersetzen. Bei unserer Baumpflanzkampagne hat das funktioniert und bei unserem Kampf gegen die Erweiterung von Heathrow ebenfalls. Und bis zum heutigen Tag bin ich auch noch nie irgendwo festgeklebt worden.

Hindernis 4

Prioritätenverschiebung

Wir hatten es fast geschafft.

Es war März 2020 und meine Kampagne zur Wiederwahl als Bürgermeister von London war in vollem Gange. Im Laufe der vorangegangenen Monate waren mein Team und ich wieder zum Rhythmus des Wahlkampf-Alltags zurückgekehrt – von Tür zu Tür ziehen, mit Wählern sprechen, neue Mitarbeiter anheuern. Die gegnerischen politischen Parteien hatten ihre Kandidaten gekürt, und ich war gespannt auf die Wahlkampfauftritte und -debatten, deren Termine nach und nach in meinem Kalender bestätigt wurden.

Ich habe den Wahlkampf immer geliebt. In keinem anderen Kontext begegnet man in so kurzer Zeit so vielen Menschen mit so unterschiedlichen Ansichten. 2020 war das nicht anders. Der frühere Tory-Minister Rory Stewart hatte seinen Hut in den Ring geworfen und den Londonern im Rahmen eines Projekts, das er *#ComeKipWithMe*[1] getauft hatte, gerade das Angebot unterbreitet, auf ihrem Sofa zu übernachten, um »mehr über London zu erfahren«. Ich hatte das Gefühl, dass diese Wahl in Erinnerung bleiben würde.

Damals konnte ich noch nicht wissen, wie sehr ich damit Recht behalten sollte. Im Januar war ich gerade auf dem Weg zu einer meiner regelmäßig stattfindenden offenen Bürgerfragestunden. Wie gewohnt unterrichtete mich mein Team darüber, welche Probleme angesprochen werden könnten. Auf meinem Weg zum Veranstaltungsort in Haringey erwähnte ein Kollege ein grippeähnliches Virus, das sich gerade in China ausbreitete und immer mehr mediale Aufmerksamkeit auf sich zu ziehen begann. Obwohl es zum damaligen Zeitpunkt in Großbritannien noch keine Fälle gab, erkundigte ich mich, was angeraten sei, falls man Symptome zeigte. Ich war überrascht zu hören, dass die strikte Empfehlung darin bestand, »zu Hause zu bleiben« und weder seinen Arzt noch das Krankenhaus aufzusuchen, es sei denn, man benötigte dringend ärztliche Hilfe. Noch mehr hat mich allerdings überrascht, dass an diesem Abend tatsächlich jemand dazu eine Frage stellte. Das war das erste Mal, dass das Wort »Coronavirus« in mein Bewusstsein vordrang.

Auf meinem Heimweg nach Tooting ahnte ich noch nicht, wie sehr das Coronavirus die folgenden Wochen, Monate und Jahre meiner Amtszeit als Bürgermeister prägen sollte. Bis zum Ende des Monats hatte sich die Krankheit rasant verbreitet: erst in China, dann in Italien und schließlich in Großbritannien. Unsere Fernsehbildschirme wurden von erschütternden Bildern überfüllter Krankenhäuser in Wuhan und später in Mailand geradezu überschwemmt. Während Corona in der Nachrichtenagenda immer weiter nach oben kletterte, setzten wir unseren Wahlkampf fort, so gut es ging. Im Februar stellten wir den Haustürwahlkampf ein und gingen dazu über, die Wähler stattdessen anzurufen. Wahlveranstaltungen und sogar Spendenaktionen fanden fortan online statt. Wir spielten verschiedene Szenarien durch, um abzuschätzen, wie sich das Virus am Wahltag auf die Wahlbeteiligung auswirken würde.Ehe ich michs versah, näherten wir uns dem Beginn des »kurzen Wahlkampfs« – der fünfwöchigen Phase, nachdem eine Person offiziell als Kandidat aufgestellt worden war. Wir dachten immer noch, dass die Wahl stattfinden würde.

Und dann änderte sich alles.

Bis Mitte März begann sich das ganze Ausmaß der drohenden Krise immer deutlicher abzuzeichnen. Einmal mehr sorgte mein Standpunkt zum Thema Händeschütteln für Dramen. Es kursierten zahlreiche Gerüchte darüber, wie sich das Virus verbreitete, und in Anbetracht dessen, wie viel Zeit ich damit verbrachte, Menschen zu treffen, und zwar insbesondere während des Wahlkampfs, traf ich für mich persönlich die Entscheidung, auf das Händeschütteln mit den Leuten, denen ich begegnete, zu verzichten. Das sorgte für einiges Stirnrunzeln. Zumal Premierminister Boris Johnson in jener Woche bekräftigt hatte, dass er beabsichtige, weiterhin »jedermann« die Hand zu geben. Außerdem brüstete er sich damit, es auch bei seinem Besuch von Covid-19-Patienten in einem Krankenhaus so zu halten.

Zu diesem Zeitpunkt war die Stimmung im Bürgermeisteramt von ernster Sorge geprägt. Das Coronavirus verbreitete sich rasend schnell, insbesondere in London, und die Menschen gerieten immer mehr in Panik. Ich hatte im Rathaus eine der seltenen Zusammenkünfte der dem Bürgermeister beratend zur Seite stehenden *Mayoral Advisory Group (MAG)* organisiert – eine Art Londoner Äquivalent zu einer *COBRA**-Sitzung der Regierung, die bei einem nationalen Notstand einberufen wird – und traf dort mit dem medizinischen Chefberater der Regierung, Professor Chris Whitty, zusammen. Wir fällten die Entscheidung, die Parade zum Saint Patrick's Day ausfallen zu lassen, obwohl die Regierung eine Absage von Massenveranstaltungen offiziell noch nicht empfohlen hatte.

---

* *COBRA* steht für *Cabinet Office Briefing Room A*, den Tagungsraum des *Civil Contingencies Committee* (»staatlicher Notfallausschuss«), eines Ausschusses des Britischen Parlaments, der nur in Ausnahmesituationen einberufen wird und für strategische Fragen zuständig ist (Anm. d. Ü., Quelle: Wikipedia).

Ich hätte alles dafür getan, um sicherzustellen, dass die Wahl am 7. Mai stattfinden konnte. Doch plötzlich begannen Gerüchte zu kursieren, dass die Regierung eine Verschiebung plane. Dass das passiert, wollte ich auf gar keinen Fall. Der Wahlkampf lief bereits auf Hochtouren. Mein Team versuchte mit Menschen aus Regierungskreisen zu sprechen, um herauszufinden, was gerade vor sich ging. Falls die Wahl verschoben werden sollte, dann um welchen Zeitraum? (Einen Monat? Ein halbes Jahr?) Aber vergebens. Die Nachricht wurde letztlich am unheilvollen Nachmittag des 13. März, einem Freitag, bestätigt. Auf Anraten der medizinischen Experten der Regierung würden Kommunal- und Bürgermeisterwahlen ebenso wie die Wahlen der Beauftragten für Polizei- und Kriminalitätsfragen* auf Mai 2021 vertagt werden.

Die Entscheidung war zwar richtig, aber für uns war es ein herber Schlag. Mein Wahlkampfteam war bitter enttäuscht. Wie ich später erfuhr, legten sie, als die Nachricht die Runde machte, allesamt ihre Arbeit nieder und gingen zusammen in die örtliche Kneipe. Bald gesellten sich viele Freunde des erweiterten Team-Khan-Kreises zu ihnen – freiwillige Helfer, die sich für meine Wiederwahl engagierten. Die Stimmung war düster. Politische Kampagnen sind extrem energieraubend. Alle in meinem Team hatten seit Wochen unter Hochdruck gearbeitet, und jetzt war alles umsonst gewesen. Schlimmer noch: Einige Mitglieder meines Wahlkampfteams hatten befristete Verträge und würden von nun an arbeitslos sein. Um mich aufzumuntern, hatte mir eine Freundin eine Nachricht geschickt und mir darin zu meiner »Wiederwahl für ein Jahr« gratuliert. So konnte man das Ganze natürlich auch betrachten.

In den folgenden Tagen verschlechterte sich meine Stimmung sogar noch mehr. Am Montagmorgen erhielt ich meine erste Einladung zu einer *COBRA*-Sitzung zu Covid-19 – ich

* Engl.: »Police and crime commissioner« (Anm. d. Ü.).

stieß also zur Zusammenkunft von Premierminister, Kabinett und den Regierungschefs von Schottland, Wales und Nordirland dazu, um zu erfahren, dass London, was das Virus anging, dem Rest des Landes um »einige Wochen« voraus war. In der Hauptstadt war die Infektionsrate wesentlich höher und das Virus verbreitete sich viel schneller als irgendwo sonst im Vereinigten Königreich.

Diese Nachricht war für mich ein ebensolcher Schlag wie wenige Jahre zuvor meine Asthmadiagnose. Abermals traf es mich aus heiterem Himmel. Abermals wäre es vermeidbar gewesen. Es gab Informationen, die mich in die Lage versetzt hätten zu handeln, doch war mir der Zugang zu diesen Informationen verwehrt worden. Ich konnte nicht nachvollziehen, warum London bis zu diesem Zeitpunkt nicht in die Planungen der Regierung zum Umgang mit dem Coronavirus miteinbezogen worden war. In London gab es schließlich vier große Flughäfen und den Eurostar. Wir waren eine Weltstadt, ein Treffpunkt für Menschen aus aller Herren Länder – und ein Einfallstor für das Virus.

Mir war klar, dass wir der Londoner Bevölkerung gegenüber offen und ehrlich sein mussten, was das Ausmaß der Krise betraf, mit der wir uns konfrontiert sahen. Unmittelbar nachdem ich die *COBRA*-Sitzung verlassen hatte, änderte ich meine Empfehlung und bat die Londoner, zu Hause zu bleiben und keine öffentlichen Verkehrsmittel zu benutzen. An jenem Freitag, dem 20. März, wurde auf der *COBRA*-Sitzung die Schließung von Kneipen, Restaurants und Fitnessstudios beschlossen. Diese Entscheidung führte zur absonderlichsten Presserunde, die ich jemals absolviert hatte: Ich verkündete, dass wir die Stadt bis auf Weiteres dichtmachen würden. Die Stimmung war apokalyptisch; einige derjenigen, die die Interviews filmten, trugen dicke Atemschutzmasken, wie sie mir noch nie zuvor begegnet waren. Als ich *Four Millbank* verließ, jenes Gebäude, in dem viele der Fernseh- und Rundfunkstudios ihren Sitz haben, hatte ich das Gefühl, dass von nun an nichts mehr so sein würde, wie es einmal war.

Am Montag, dem 23. März, verkündete der Premierminister, dass Großbritannien in einen vollständigen Lockdown übergehen würde. In den folgenden sieben Wochen durften Menschen im ganzen Land ihr Zuhause nur einmal am Tag verlassen, um Sport zu treiben, zur Arbeit zu fahren, wenn es »absolut notwendig« war, lebenswichtige Dinge einzukaufen oder um ihren medizinischen bzw. pflegerischen Aufgaben nachzukommen. Läden, die keine lebenswichtigen Waren verkauften – von Friseurgeschäften bis hin zu Gastronomiebetrieben –, waren geschlossen, und Zusammenkünfte von mehr als zwei Menschen, die nicht im selben Haushalt lebten, waren verboten.

Covid-19 hatte verheerende Folgen. In London kamen mehr als 20.000 Menschen ums Leben. Ebenso wie viele andere Londoner hatte auch ich Angehörige und Freunde verloren. Nie werde ich die herzzerreißenden Geschichten vergessen, die mir zu Ohren kamen – von Menschen, die sich nicht mehr verabschieden konnten, von Beerdigungen, die ohne die Familie stattfanden, von trauernden Freunden und Bekannten, die keine Möglichkeit hatten, einander persönlich Trost zu spenden.

In jenen ersten Wochen hatte ich kaum Zeit, darüber nachzudenken, wie sich das Coronavirus auf meine weiter gefassten Ziele als Bürgermeister von London auswirken würde. Doch in den Augenblicken, da ich Gelegenheit dazu bekam, war ich missmutig gestimmt. Während einer Krise wie Corona gerät alles andere ins Hintertreffen. Zu Recht konzentriert man sich darauf, zuallererst Menschenleben zu retten und an zweiter Stelle die Wirtschaft – alle übrigen Politikbereiche, vom Klimaschutz über den Wohnungsbau bis hin zur Bildung, bleiben auf der Strecke. Ich befürchtete, dass dies insbesondere auf meine Umweltstrategie zutreffen würde. Innerhalb weniger Wochen hatten wir in puncto Klimaschutz an Dynamik verloren. Bei den ursprünglich für Mai angesetzten Wahlen hatten wir vorgehabt, mit dem geplanten Ausbau der Ultra-Niedrigemissionszone auf das Achtzehnfache ihrer bisherigen Fläche in den Wahlkampf zu ziehen, so dass sie ein Gebiet abdecken würde, das vier Mal so groß wäre wie Paris. Die Londoner Bevölkerung schien auf meiner Seite zu sein. Doch dank aufgrund der Wahlverschiebung würde diese Maßnahme nun erst irgendwann nach Mai 2021 umgesetzt werden können.

Bei diesem Tempo würde sich mein Klimafahrplan ganz einfach in Luft auflösen. Den Rest meiner (plötzlich verlängerten) Amtszeit würde ich damit verbringen, mitanzusehen, wie meine Errungenschaften im Bereich Klimaschutz zunichtegemacht würden, und dabei gleichzeitig außerstande sein, neue Klimamaßnahmen voranzutreiben, da meine wachen Stunden allesamt von der Covid-Katastrophe in Beschlag genommen wurden. Gab es angesichts einer solchen, nie dagewesenen Krise irgendeine Möglichkeit zu verhindern, dass meine Klimastrategie zum Scheitern gebracht würde?

Wie schon Billy Ocean in seinem Hit aus dem Jahr 1985 (wenn auch nicht ganz so) sang: »When the going gets tough, the climate gets forgotten.«* – »Wenn's hart auf hart kommt, gerät das Klima in Vergessenheit.« Das ist ein Muster, das sich in den vergangenen Jahren immer wieder beobachten ließ. Politiker ziehen mit einem ambitionierten Programm in den Wahlkampf, um den Klimawandel zu bekämpfen; die Öffentlichkeit scheint begeistert und verhilft ihnen zu einem erdrutschartigen Wahlsieg; und dann, wenn sie erst einmal im Amt sind und es »hart auf hart kommt«, sackt der Klimaschutz auf der Tagesordnung immer weiter nach unten.

* Eigentlich heißt der Song »When the going gets tough, the tough get going« (Anm. d. Ü.).

Bei den Parlamentswahlen im Jahr 2010 hatte David Cameron die Wähler noch auf denkwürdige Art ermuntert: »Vote Blue, Go Green!«* Doch nur wenige Jahre später wies er seine Mitarbeitenden angeblich an, »den ganzen grünen Mist loszuwerden«.[2] Allerdings lässt sich dieser Trend nicht nur im rechten Spektrum beobachten. Im Vorfeld der UN-Klimakonferenz in Kopenhagen im Jahr 2009 hatte US-Präsident Barack Obama einige große Versprechungen zum Klimaschutz gemacht. Aber im Jahr darauf wurde sein Klimaschutzgesetz im US-Senat angesichts des Widerstands von beiden Seiten der Kammer fallengelassen.

Der Grund für diese Art der Prioritätenverschiebung liegt auf der Hand. An der Macht zu sein, heißt ständig Brände zu löschen: Man bekämpft ein dringliches Problem nach dem anderen, und dadurch gerät die Art von langfristiger Planung, wie sie für die Klimaschutzpolitik erforderlich ist, ins Hintertreffen. Das eigentlich Wichtige wird stets von Dringlichkeiten eingeholt. Und offenbar scheint abgesehen vom Klimawandel alles dringlich zu sein.

Ich hatte mir immer geschworen, dass meine Klimapolitik niemals auf diese Weise vom Kurs abgebracht werden würde. Doch in jenen ersten Tagen der Corona-Pandemie konnte ich in Echtzeit beobachten, wie genau das passierte. Während dieser schreckliche erste Lockdown andauerte, ging es vorrangig darum, Ärzte, Pfleger und Klinikpersonal in die Krankenhäuser zu bekommen. Es musste also gewährleistet sein, dass diejenigen, die unterwegs sein mussten, sich in der Hauptstadt frei bewegen konnten. City-Maut sowie Niedrig- und Ultra-Niedrigemissionszone wurden sofort aufgehoben, damit systemrelevante Arbeitskräfte in der strengsten Phase des Lockdowns sicher und gebührenfrei zu ihrem Arbeitsplatz gelangen konnten. Gleichzeitig begrenzten wir die Kapazität

---

* »Setzen Sie auf grün und wählen Sie blau.« (Anm. d. Ü.).

des Londoner öffentlichen Nahverkehrs auf ein Fünftel des Vorkrisenniveaus, um zu gewährleisten, dass die Menschen untereinander sichere Abstände einhalten konnten. Das wiederum bedeutete, dass täglich bis zu acht Millionen Wege auf andere Weise zurückgelegt werden mussten. Wir waren uns dessen bewusst, dass das in der Praxis bedeutete, dass die Menschen wieder auf ihre Autos zurückgreifen würden. Natürlich waren dies außergewöhnliche Umstände. Doch wir befürchteten, dass sich der Anstieg der Pkw-Nutzung auch nach dem Ende des Lockdowns fortsetzen würde. Aus Berichten unserer Kontaktpersonen in chinesischen Städten erfuhren wir, dass sich der Gebrauch des Autos nach Aufhebung des Lockdowns im Vergleich zu Zahlen von vor der Pandemie um 60 Prozent erhöht hatte. London würde einen Verkehrsinfarkt erleben, und seine Bevölkerung würde einer weitaus schlimmeren Schadstoffbelastung als jemals zuvor ausgesetzt sein. Unsere Sorge war also mehr als berechtigt. Am Ende des Lockdowns überstieg der Autoverkehr in der Londoner Innenstadt an Wochentagen das vorpandemische Niveau.

In den folgenden Wochen wurde die Lage sogar noch verheerender. Im Sommer stellten wir fest, dass wir nicht nur für unsere Klimapolitik, sondern auch um unsere politischen Karrieren kämpfen mussten. Die Regierung startete einen Totalangriff auf das Rathaus. Seit 2016 hatten wir das Defizit der Londoner Verkehrsgesellschaft *Transport for London* um 71 Prozent gesenkt, und zum allerersten Mal in der Geschichte der *TfL* war es uns gelungen, die Betriebskosten zu reduzieren. Gleichzeitig hatten wir die *TfL*-Fahrpreise eingefroren, um mehr Londoner dazu zu bewegen, ihr Auto stehen zu lassen und stattdessen den öffentlichen Nahverkehr zu nutzen. Aber als der Lockdown sich hinzog, brachen die Einkünfte der *TfL* zusammen. Anders als andere Verkehrsgesellschaften rund um den Globus finanziert sie sich zu einem großen Teil durch die Einnahmen, die sie durch die von den Pendlern gezahlten Fahrpreise erzielt: 72 Prozent der von der *TfL* zur Verfügung gestellten Dienstleistungen werden durch die Fahrgäste bezahlt, die die U-Bahnen, Busse, Straßen- und S-Bahnen nutzen, verglichen mit 41 Prozent in New York, 36 Prozent in Paris sowie 21 Prozent in Singapur.[3] Jetzt, da die meisten Londoner zu Hause blieben, befanden sich die Einnahmen der *TfL* im freien Fall. Von den Kunden erhielten wir nur noch einen Bruchteil der 600 Millionen Pfund, die es kostete, den öffentlichen Nahverkehr in London für vier Wochen zu betreiben, weshalb unsere Geldreserven in besorgniserregender Geschwindigkeit dahinschmolzen.

Unsere einzige Möglichkeit bestand darin, uns an den Staat zu wenden. Boris Johnsons Regierung hatte andere Bahngesellschaften und -unternehmen während des Lockdowns bedingungslos unterstützt, weshalb wir annahmen, dass sie in unserem Fall ähnlich hilfreich sein würde. Doch da hatten wir uns getäuscht. Die Regierung knüpfte eine finanzielle Unterstützung der *TfL* an schwerwiegende Bedingungen. Es war klar, dass sie damit beabsichtigte, die öffentliche Meinung gegen mich zu wenden – mit Blick auf die Bürgermeisterwahl, die nun für das folgende Jahr angesetzt war. Dieser Hintergedanke war zwar offenkundig, aber sie hatten mich in der Hand: Ich konnte nicht zulassen, dass mitten in einer Pandemie essenzielle U-Bahn- oder Buslinien gestrichen werden mussten. Somit hatte ich keine andere Wahl, als einige drakonische Maßnahmen zu akzeptieren, das hieß, nicht nur die City-Maut wieder einzuführen, sondern auch Vorschläge zu ihrer vorübergehenden Ausweitung und Erhöhung vorzulegen. Ab Juni wurde die City-Maut von 11,50 Pfund auf 15 Pfund erhöht und war von da an sieben Tage die Woche von 7 bis 22 Uhr zu zahlen statt wie zuvor von Montag bis Freitag zwischen 7 und 18 Uhr.

Dies war die schlechteste aller Welten. Die Erhöhung der City-Maut sorgte anfangs dafür, dass sich der Autoverkehr in der Londoner Innenstadt auf ein Niveau reduzierte, das noch unter dem Verkehrsaufkommen der Zeit vor dem Lockdown lag. Allerdings begannen die Zahlen sehr bald wieder nach oben zu klettern. Unterdessen blieb die finanzielle Grundlage des öffentlichen Verkehrsnetzes nach wie vor prekär. Und meine weiter gefasste Klimastrategie war stark vom Kurs abgebracht worden. Dem Anschein nach wurde aus mir ein weiterer solcher Politiker wie von Billy Ocean besungen: Im Angesicht einer Krise rutscht das Thema Umwelt auf der To-do-Liste schnell ganz nach unten.

Im Juni kam ich mir vor wie ein Misanthrop. Die katastrophalen gesundheitlichen und wirtschaftlichen Folgen des Lockdowns für die Londoner Bevölkerung standen für mich gedanklich im Vordergrund. Doch auch persönlich empfand ich den Lockdown als wirklich schwierig. Wie viele andere in der Hauptstadt hatte ich mein Zuhause, abgesehen vom täglichen Spaziergang mit unserer Labradorhündin Luna zum Park Tooting Common, beinahe acht Wochen lang kaum verlassen. Ich wusste, dass ich mich dabei noch glücklich schätzen konnte. Anders als Millionen von Menschen in London und im Rest des Landes hatte ich Haus und Garten von angemessener Größe, eine Familie, die ich liebe und mit der ich gern Zeit verbringe, sowie einen äußerst temperamentvollen Hund. Aber da meine Töchter nicht mehr in die Universität gehen konnten und Saadiya ebenfalls von zu Hause aus arbeitete, fiel es mir schwer, zwischen der Arbeit und meinem übrigen Leben ein Gleichgewicht herzustellen.

Einen Großteil des Tages arbeitete ich am Esstisch, direkt vor zwei Türen, die zu unserer Küche führten. Leider haben die großen Medienerfolge Großbritanniens – ob nun morgendliche Nachrichtenshows wie *BBC Breakfast* bzw. *Good Morning Britain* oder mittägliche bzw. abendliche Regionalnachrichten – die Tendenz, sich mit den Mahlzeiten zu überschneiden.

Das brachte es mit sich, dass meine Interviews mit der BBC und Sky News häufig von chaotischen Störgeräuschen von Standmixer, Toaster sowie lauten Familiengesprächen unterbrochen wurden. Mein Team, das aus der Ferne zusah oder zuhörte, merkte oft an, dass es Luna im Hintergrund hatte bellen hören. Während einiger Interviews griff ich darauf zurück, sie unter dem Tisch mit Leckerlis zu füttern, damit sie sich ruhig verhielt.

Ich bin stressige Situationen gewohnt, aber da ich jemand bin, der aufblüht, wenn er viel unterwegs ist, wirkte sich der Lockdown sehr belastend auf meine mentale Gesundheit aus. Ich rasierte mich nicht mehr täglich, und wenn nicht gerade ein Zoom-Meeting mit Menschen von außerhalb des Rathauses anstand, ging ich dazu über, abgenutzte alte T-Shirts zu tragen. Als ich einmal bei einem Meeting mit dem gesamten Rathauspersonal meinen grauen Trainingsanzug angehabt hatte, musste ich hinterher feststellen, dass ich wegen meines neuen Looks im Mitarbeitendennetzwerk des Rathauses viral ging. Wann immer ich dieses Outfit trug, sagte Saadiya, die ihre Klientel für gewöhnlich im Gefängnis besuchte, dass ich wie ein Häftling gekleidet sei.

Ich erinnere mich, wie ich mich wenige Wochen nach Beginn der Lockerung des Lockdowns für ein Gespräch mit Decca Aitkenhead von der *Sunday Times* zusammensetzte. Es war eines der ersten Interviews, die ich in einem immer noch sehr leeren Rathaus absolvierte – einem »Mausoleum«, wie Decca es nannte –, und das schiere Ausmaß all dessen, was unsere Stadt durchgemacht hatte, begann sich gerade erst abzuzeichnen. Decca, in Politikerkreisen als brillante Interviewpartnerin berüchtigt, schaffte es, meine wahre Stimmungslage aus mir herauszukitzeln. »Für mich war es tatsächlich hart«, hörte ich mich selbst sagen. »Es gibt Tage, an denen ich meiner Führungsrolle nicht wirklich gerecht werde.« Das war so nicht geplant. Meine Berater hatten keine Ahnung, wie es wirklich in mir aussah, ganz zu schweigen davon, dass ich es aller Welt kundtun würde.[4]

Aber dann begann Decca mir Fragen zu meiner Umweltpolitik zu stellen. Und ganz unverhofft besserte sich meine Stimmung. Während unseres Gesprächs fiel bei mir der Groschen. Ja, die Pandemie stellte eine nie dagewesene Gesundheitskrise dar. Aber gleichzeitig war sie eine Chance. Ich ertappte mich dabei, wie ich Decca erzählte, dass es »einige potenzielle Lichtblicke« gäbe. Um ehrlich zu sein, habe ich diese in der Tat erst während des Interviews zum allerersten Mal entdecken können.

Plötzlich sah ich alles viel klarer. Wir durften nicht zulassen, dass die Covid-19-Gesundheitskrise durch eine Krise der Luftqualität abgelöst wurde, verursacht durch eine Rückkehr zu so hohen Autonutzungszahlen, wie sie vor Einführung der Ultra-Niedrigemissionszone verzeichnet wurden. Der Wandel, der sich in den vorangegangenen Monaten in London vollzogen hatte, stellte eine einmalige Chance für die Neugestaltung unserer Stadt dar. Ich war entschlossen, diese Chance zu ergreifen. »Ich will keinen vom Auto gesteuerten Wiederaufschwung; ich will einen vom Umweltschutz gesteuerten Wiederaufschwung«, erklärte ich.

Wie aus dem Nichts kam mir plötzlich eine Zeile in den Sinn, die oft Winston Churchill zugeschrieben wird: »Never let a good crisis go to waste.« (»Lass niemals eine gute Krise ungenutzt verstreichen.«) Angeblich geäußert im Zuge der Versuche, aus den Ruinen des Zweiten Weltkriegs die Vereinten Nationen aufzubauen, beinhaltet dieser Satz für jeden Politiker eine wertvolle Erkenntnis. Unsere Geschichte ist gespickt mit Augenblicken, in denen Krisen zur Umgestaltung einer Gesellschaft geführt haben, häufig zu deren Vorteil. Manchmal eröffnet die durch eine Katastrophe hervorgerufene Angst Führungskräften die Möglichkeit kühner politischer Schachzüge. 2011, beispielsweise, wurde die Nordostküste Japans von einem riesigen Tsunami getroffen, was dazu führte, dass vier der sechs Reaktorblöcke des Atomkraftwerks von Fukushima radioaktive Strahlung in die Atmosphäre und den Ozean freisetzten. Im Nachklang der Katastrophe änderte die deutsche Bundeskanzlerin Angela Merkel ihre Einstellung zur Nuklearenergie sehr schnell und verkündete, dass Deutschland bis 2022 alle seine Atomkraftwerke nach und nach abschalten würde. Damit ebnete sie ihrem Land den Weg in die Unabhängigkeit sowohl von der Nuklearenergie als auch von der Kohle. Not macht erfinderisch – und nichts macht Erfindungen so notwendig wie eine Katastrophe.

Anfang 2020 fiel es mir noch schwer, so zu denken, geschweige denn, solche Gedanken laut auszusprechen. Doch das Coronavirus stellte genau solch eine Gelegenheit dar. Während einige wieder auf ihr Auto zurückgriffen, um den öffentlichen Nahverkehr zu umgehen, machten viele andere genau das Gegenteil. Das erste Mal seit Jahrzehnten gingen Millionen von Londonern zu Fuß oder fuhren mit dem Fahrrad durch die Stadt und stellten fest, dass sie daran sogar Freude hatten. Mein Twitter-Feed füllte sich zusehends mit Fotos von Menschen, die mit ihren Rädern in ganz London unterwegs waren, viele zum ersten Mal in ihrem Leben.

Dies bot uns die Chance, einige der aufregendsten neuen Ideen zum Thema Großstädte im 21. Jahrhundert in die Praxis umzusetzen. Einige Jahre zuvor hatte ich etwas über Carlos Moreno gelesen, einen französisch-kolumbianischen Wissenschaftler, der das Konzept einer »15-Minuten-Stadt« entwickelt hat, in der die Einwohner sechs Grundbedürfnisse ihres Alltags von ihrem Zuhause aus innerhalb von 15 Minuten zu Fuß oder mit dem Fahrrad erreichen können: Wohnen, Arbeiten, Einkaufen, medizinische Versorgung, Bildungseinrichtungen und Freizeitaktivitäten.[5] Viele meiner europäischen Amtskollegen waren von der Idee begeistert. Anne Hidalgo machte die *ville du quart d'heure* zu einer wesentlichen Säule ihres Wahlkampfs, als sie sich in Paris zur Wiederwahl stellte. Könnte Corona uns die Chance bieten, die 15-Minuten-Stadt nach London zu holen?

Wir begannen immer detaillierter auszuarbeiten, wie das funktionieren könnte. Wenn wir eine Möglichkeit fänden, zu Fuß oder mit dem Rad zurückgelegte Wege sicher und attraktiv zu gestalten, würden viele Menschen vielleicht nie wieder in ihr umweltschädliches Auto steigen – und Londons Luft würde sogar noch sauberer werden. Wir brauchten nur eine geeignete Methode, um das umzusetzen. Und diese Methode sollte der *London Streetspace* sein.

Der Gedanke hinter *Streetspace* war ganz einfach. Wir würden neue, geschützte Radwege schaffen, Bürgersteige verbreitern und außerdem dazu beitragen, den Verkehr in Wohngebieten zu reduzieren. Dadurch würden Menschen einfacher und sicherer zu Fuß, mit dem Rad oder dem öffentlichen Nahverkehr unterwegs sein können. Unter Federführung von Will Norman, dem Beauftragten für Fußgänger und Radfahrer, sowie Will Bradley, dem Berater des Rathauses, begann der Plan Gestalt anzunehmen. Die zwei Wills – wie sie unweigerlich genannt wurden – hatten schon damit begonnen zu ermitteln, welche der bereits in Planung befindlichen Projekte in der Umsetzung beschleunigt werden könnten. Im Anschluss daran erstellten sie in Zusammenarbeit mit der *TfL* eine Liste von Orten, wo die Arbeiten noch nicht im Gange waren, obwohl sie es sein sollten. Die Detailliertheit war beachtlich – mir wurden Karten einzelner Straßen vorgelegt, wo Dutzende von Menschen auf winzigen Gehwegen an einer Bushaltestelle oder vor einer Bank anstanden ohne die Möglichkeit, untereinander einen angemessenen Abstand einzuhalten. Ausgestattet mit dieser furchteinflößenden Fülle an Informationen waren wir imstande, an Stadträte in ganz London heranzutreten und sie dazu aufzufordern, Bewerbungen für Gebiete einzureichen, in denen sie Radwege bauen, Bürgersteige verbreitern oder verkehrsberuhigte Wohngebiete – sogenannte *Low-Traffic Neighbourhoods (LTN)* – schaffen wollten.

Nicht alle Stadträte waren von unseren Plänen begeistert. Einige beschlossen auch, engstirnig zu agieren – der Bezirk Kensington und Chelsea zum Beispiel fällte die berühmt-berüchtigte Entscheidung, einen dringend benötigten geschützten Radweg entlang der Kensington High Street nur sieben Wochen nach dessen Einrichtung im Rahmen des *Streetspace*-Programms wieder zurückzubauen. Doch innerhalb des Rathauses richteten wir unser Augenmerk auf diejenigen Gruppen, die das *Streetspace*-Projekt befürworteten. Wir nannten sie das »Bündnis der Willigen«, eine Koalition, die jeden einschloss – von der nationalen Regierung (die uns wenigstens in diesem Punkt unterstützte) über Stadträte wie die von Hackney sowie Lambeth und Southwark bis hin zu Initiativen wie *Living Streets*, einer Wohltätigkeitsorganisation, die sich für die Belange von Fußgängern einsetzt.

Das alles wirkte auf London geradezu transformativ. Zunächst entfachte *Streetspace* eine Fahrradrevolution. Seit Beginn des Lockdowns hatte die *TfL* bereits zusätzliche 1.700 Mieträder bereitgestellt und somit die Gesamtzahl auf mehr als 14.000 gesteigert – ein Zuwachs von fast 15 Prozent und die größte einmalige Aufstockung der Fahrradflotte seit 2013. *Streetspace* sollte dazu beitragen, viele dieser Veränderungen zu verstetigen. In den ersten sechs Monaten, nachdem das Projekt im Mai aus der Taufe gehoben worden war, wurden fast 100 Kilometer Radwege neu geschaffen oder ausgebaut. Damit verfügten wir über mehr als 250 Kilometer sicherer Radfahrstrecken, mehr als jede andere vergleichbare Weltstadt. Bis zum Ende des Jahres hatte *Streetspace* dafür gesorgt, dass sich die Zahl der Menschen, die innerhalb einer Reichweite von 400 Metern zum londonweiten Radwegenetz lebten, beinahe verdoppelt hatte.[6]

Die Vorteile dieser Radwege habe ich am eigenen Leib erfahren. Dem fachkundigen Rat von Will Norman und meinem leitenden Berater Chris McQuiggin folgend, hatte ich in ein neues Elektro-Klapprad der in London ansässigen Firma Brompton investiert. Bald fuhr ich mit dem Rad überallhin – sehr zur Freude meiner Mitarbeitenden, die nun endlich doch noch einen Weg gefunden hatten, in regelmäßigen Abständen von meinen unablässigen SMS- und E-Mail-Nachrichten verschont zu werden (zwar habe ich beim Warten an der Ampel durchaus versucht, Textnachrichten zu schreiben, aber mit begrenztem Erfolg). Mein Personenschutzteam der Polizei war weniger begeistert. Politiker sind eher mit dem Auto unterwegs als mit dem Fahrrad, und daher mussten sie schnell einen entsprechenden Lehrgang entwickeln: »Wie schützt man einen Bürgermeister, der ununterbrochen mit dem Rad (sehr langsam) durch die Londoner Innenstadt fährt.«

Trotz meiner neu entdeckten Identität als *MAMIL* (»Mittelalter Mann in Lycra« – oder, in meinem Fall, »im Leinenanzug«) war uns sehr daran gelegen, dass auch die Fußgänger von *Streetspace* profitieren sollten. Innerhalb von sechs Monaten wurden dem Fußgängerverkehr 22.500 Quadratmeter zusätzlicher Gehwegflächen zugewiesen.[7] Darüber hinaus gab es unser *School-Streets*-Programm, mit dem der Verkehr rund um Schulen zu den Bring- und Abholzeiten eingeschränkt wurde – es war 2017 zuerst in Camden initiiert worden, doch während der Pandemie stieg die Zahl der umgesetzten Planungen exponentiell an, so dass es mittlerweile bereits über 500 solcher *School Streets* gibt.[8] Gleichzeitig wurden die Gehwege rund um verkehrsreiche Pendlerknotenpunkte wie die Bahnhöfe London Bridge, Victoria Station und Waterloo Station ausgebaut. Doch die profilierteste Maßnahme zur Förderung des Fußgängerverkehrs, die sich während der Pandemie zunehmend etablierte, war die Einführung verkehrsberuhigter Wohngebiete *(LTN)*. Umgangssprachlich aufgrund ähnlicher Infrastrukturprojekte in den Niederlanden gelegentlich als »Mini-Hollands« bezeichnet, trugen die *LTN* dazu bei, dass

Londons Straßen einfacher zu Fuß oder mit dem Fahrrad genutzt werden konnten, indem Autos, Lieferwagen und andere Fahrzeuge daran gehindert wurden, ruhige Nebenstraßen als Abkürzungen zu missbrauchen. Obwohl es das Konzept bereits seit den 1970er Jahren gab, sorgte erst die Finanzierung aus dem Notfallfonds der Regierung während der Pandemie dafür, dass innerhalb weniger Monate mehr als siebzig solcher Vorhaben realisiert wurden.[9]

An einem Sonntagmorgen im September 2020 machte ich mit meinen Töchtern eine Radtour. Es war ein wunderschöner frühherbstlicher Tag: Die Luft war frisch, der Himmel klar und in allen Straßen leuchteten die Bäume in feurigen Rot- und Orangetönen. Anisah und Ammarah waren wie ich erst vor Kurzem aufs Rad umgestiegen, dazu ermutigt durch die neue Generation von Radwegen und die verhältnismäßig autofreien Straßen. Wir fuhren von unserem Haus in Tooting Richtung Norden zur Themse am Battersea Park und dann weiter zum Hyde Park, bevor wir einen Bogen machten und über Lambeth zurück nach Hause radelten.

Das London, dem wir dabei begegneten, war nicht wiederzuerkennen. Unterwegs trafen wir auf Hunderte von Radfahrern. Als wir durch Brixton fuhren, erlebten wir ein verkehrsberuhigtes Wohngebiet in Aktion: auf einer einstmals schadstoffbelasteten Straße aßen Menschen unter freiem Himmel und plauderten bei einer Tasse Kaffee miteinander. Offensichtlich war ich nicht der Einzige, der an dem neuen London Gefallen fand. Ende 2020 hatten wir Daten erhalten, die bestätigten, dass in der Hauptstadt die Zahl der Wege, die zu Fuß oder mit dem Rad zurückgelegt wurden, seit Beginn der Pandemie signifikant gestiegen war. Die Fortbewegungsgewohnheiten der Londoner Bevölkerung hatten sich in den Monaten nach dem Beginn des ersten landesweiten Lockdowns und der Einführung von *Streetspace* rasant verändert. Der Anteil der zu Fuß oder mit dem Fahrrad zurückgelegten Wege hatte sich nach dem Lockdown im Vergleich zu vor der Pandemie von 29 Prozent auf geschätzte 46 Prozent erhöht.[10]

Innerhalb weniger Monate hatten wir unsere Stadt umgestaltet – mit einem enormen ökonomischen und sozialen Nutzen. Doch der wirklich faszinierende Teil der Geschichte war für mich die Auswirkung auf die Gesundheit der Londoner Bevölkerung – und insbesondere auf die Qualität unserer Luft. Wir hatten vermutet, dass der durch den Lockdown verursachte gewaltige gesellschaftliche Wandel einen großen Einfluss auf die Luftqualität haben würde. Aber wir konnten nicht mit Gewissheit sagen, ob dieser Effekt von Dauer sein würde. Glücklicherweise verfügte mein Team mit Elliot Treharne über einen großartigen Leiter der Abteilung für Luftqualität: ein Mann, bei dem ich den Verdacht hege, dass er den Großteil des Lockdowns damit verbracht hat, die *London-Air*-Website im Auge zu behalten, während jedermann sonst auf Netflix Serien bis zum Abwinken schaute. In der Zeit der Pandemie setzten Elliot und sein Team alles daran sicherzustellen, dass das Netzwerk zur Überwachung der Luftqualität aufrechterhalten werden konnte.

Die Ergebnisse waren verblüffend. In den Anfangsmonaten der Pandemie hatten wir einen ersten Schwung unserer von Experten geprüften Daten veröffentlicht. Seit dem ersten Lockdown hatte sich die Luftqualität in London erheblich verbessert, wobei die gefährlichen Emissionen an einigen der verkehrsreichsten Straßen und Kreuzungen der Hauptstadt um beinahe 50 Prozent gesunken waren. Dies spiegelte genau das wider, was wir in Städten und Ländern auf der ganzen Welt beobachten konnten, als sie zum Stillstand kamen, um den Kampf gegen Corona-Virus-Ausbrüche aufzunehmen – meine Amtskollegen in Paris, Mailand, Madrid und New York nahmen ähnliche Entwicklungen wahr. Es gab einige fantastische

Fotos von Menschen im Norden Indiens, die dank der reduzierten Luftverschmutzung zum ersten Mal in ihrem Leben den Himalaya sehen konnten.

Noch faszinierender allerdings waren die Daten, die nach dem Ende des Lockdowns erfasst wurden. Ich hatte mir fest vorgenommen, die Krise »nicht ungenutzt« zu lassen. Das ist uns gelungen. Ende 2020 zeigten neue Daten vom King's College und vom Imperial College London, dass sich die Luftqualität überall in der Hauptstadt seit 2016 erheblich verbessert hatte. Insgesamt war die Luftverschmutzung seit 2016 stark zurückgegangen; die Zahl der Menschen, die in Gebieten wohnten, in denen die zulässigen Stickstoffdioxid-Grenzwerte überschritten wurden, war um 94 Prozent gesunken.[11] Doch was uns am meisten ermutigte, war die Erkenntnis, dass die durch den Lockdown hervorgerufenen Veränderungen von Dauer zu sein schienen. Ein Drittel der Londoner Bevölkerung legten nun Wege zu Fuß zurück, für die sie normalerweise ein anderes Verkehrsmittel genutzt hätten, und selbst als die Einschränkungen gelockert wurden, blieb der Anteil der zu Fuß oder mit dem Rad zurückgelegten Wege weit über dem vorherigen Niveau. Unabhängige, weltweit führende Experten sagten, die Reduzierungen bewiesen, dass die Krise der Luftverschmutzung nicht unlösbar war.

Das Alleraufregendste war jedoch, dass die Londoner diese Veränderungen unterstützten. Das Problematische an Churchills Satz, dass man »eine gute Krise niemals ungenutzt verstreichen« lassen solle, ist, dass er sehr undemokratisch klingt – man macht sich eine Katastrophe zunutze, um die eigene Agenda zu verfolgen. Aber für uns im Rathaus war es unerlässlich, dass die Londoner Bevölkerung die von uns umgesetzten Veränderungen zur Verbesserung der Luftqualität unterstützte. Und genau das tat sie. Eine von *London Councils*, der Interessenvertretung aller Londoner Bezirksverwaltungen, in Auftrag gegebene Umfrage ergab, dass 82 Prozent der Menschen in der Phase des Lockdowns eine Veränderung der Luftqualität bemerkten.[12] Fast neun von zehn Londonern befürworteten inzwischen die Maßnahmen zur Reduzierung von Autoabgasen und -nutzung.[13] Der Lockdown hatte die Haltung der Menschen zur Umwelt revolutioniert – scheinbar für immer.

In den folgenden Monaten dachte ich immer wieder darüber nach, welche Lehren politische Entscheidungsträger, die sich für den Umweltschutz interessierten, aus der Covid-Pandemie ziehen könnten. Es war die Ausnahme von der Regel. Normalerweise wird eine durchgreifende Klimapolitik in Zeiten der Krise sofort über Bord geworfen. Aber in diesem Fall war das Gegenteil passiert. Warum?

Vielleicht lag es daran, dass die Pandemie den Gemeinschaftssinn der Londoner Bevölkerung zum Vorschein gebracht hatte. Obwohl das Virus für jeden Einzelnen von uns direkte Auswirkungen hatte, war unsere Reaktion darauf eine gemeinschaftliche. Mitten in all dem Kummer erlebten wir einige erstaunliche, inspirierende Geschichten von Großzügigkeit und Mut: junge Menschen, die für die Älteren einkaufen gingen; Menschen, die an ihrem Küchentisch Schutzmasken anfertigten; wöchentlicher Applaus für unser Pflegepersonal, für den Millionen von Londonern ihre Tätigkeit unterbrachen, um den Bemühungen unseres nationalen Gesundheitssystems jeden Donnerstag um 20 Uhr Beifall zu zollen (eine Idee der Südlondonerin Annemarie Plas). Die Londoner Bevölkerung war zusammengerückt, um Corona gemeinsam zu überwinden, und dabei hatte sich gleichzeitig die seltene Chance aufgetan, sich auch um das Problem der Luftverschmutzung zu kümmern.

Ich selbst konnte die Vorteile dieses Wandels am eigenen Leib spüren. Gegen Ende des Sommers nutzte ich mein Asthma-Spray und meine Asthma-Medikamente viel seltener und fühlte mich großartig. Und das war auch gut so, denn knapp ein Jahr nach unserem Fehlstart traf ich bei einem Reitklub für Jugendliche in South London ein, um endlich den Beginn unseres Kurzwahlkampfs einzuläuten. Wir hatten schließlich eine Wahl zu gewinnen.

Hindernis 5

Feindseligkeit

Es waren nur noch fünf Wochen bis zur Bürgermeisterwahl 2021, und ich ließ mich gerade von einem Pferd beschnuppern.

Auf den ersten Blick war dies eine ungewöhnliche Situation. Die letzten Wochen vor dem Wahltag gehören zu den intensivsten Momenten im Leben eines Politikers. Jede Minute zählt: Obwohl unser Wahlkampf Monate dauert, beginnen die Wähler erst unmittelbar vor der Wahl darüber nachzudenken, wem sie tatsächlich ihre Stimme geben könnten.

Dennoch schien das Pferd namens Eddie sehr wenig Verständnis dafür zu haben, wie kostbar meine Zeit in dieser Phase des Wahlkampfs war. Sein Hauptinteresse galt offenbar vielmehr dem Fressen von Hafer (freundlicherweise von der Stallmeisterin bereitgestellt) und dem vergnügten Umherstreifen auf der Koppel. Was machte ich hier eigentlich?

Mein Besuch des *Ebony Horse Club* in Brixton war in der Tat nicht durch eine spät entdeckte Leidenschaft für Hoftiere inspiriert. Die Idee dazu kam von meinem langjährigen Kollegen Jack Stenner, der gerade zu meinem Wahlkampfmanager ernannt worden war. Im Laufe der Jahre war Jack maßgeblich an der Gestaltung meiner politischen Botschaften beteiligt gewesen. So ist es im Wesentlichen ihm zu verdanken, dass die bloße Erwähnung der Tatsache, dass ich der Sohn eines Busfahrers bin, mit Raunen und Gelächter quittiert wird. Bei der Wahl 2021 wollte Jack unbedingt eine spezielle Botschaft unmissverständlich deutlich machen: dass es sich dabei trotz der vielen Kandidaten ähnlich wie bei einem Pferderennen letztlich um einen Zweikampf handelte – und zwar zwischen mir und meinem konservativen Rivalen Shaun Bailey. Außerdem liebte Jack bildhafte Metaphern. Und so stand ich nun hier und fütterte Eddie vorsichtig mit Hafer.

Obwohl ich bezüglich meiner Stippvisite Bedenken hegte – schließlich verstieß ich damit gegen zwei der drei Punkte der Regel: »Arbeite niemals mit Berühmtheiten, Kindern oder Tieren« –, stellte der *Ebony Horse Club* genau jene Art von Initiative dar, die ich mit meiner Stadtregierung unterstützen wollte. Im Herzen von Brixton direkt neben einer Eisenbahnbrücke gelegen, ermöglicht es der Verein jungen Menschen aus South London, zu reiten und zu lernen, wie man sich um Tiere kümmert. Khadijah Mellah – die erste Frau, die im Hijab als Jockey bei einem britischen Pferderennen angetreten ist (und dann auch gewonnen hat) – trainierte im *Ebony Horse Club*, nachdem sie in einer örtlichen Moschee auf einen Werbeflyer des Vereins gestoßen war. Ich war stolz darauf, dass das Rathaus den *Ebony Horse Club* auf seinem Weg unterstützt hatte. Während meiner ersten Amtszeit als Bürgermeister hatten wir über 70 Millionen Pfund in einen Fonds für Kinder und Jugendliche in London investiert, und der *Ebony Horse Club* hatte daraus Fördergelder erhalten, um jenen jungen Menschen wöchentliche Reitstunden anbieten zu können, denen der Zugang zu diesem Sport normalerweise verwehrt ist.

Die Kommunikationschefin der Wahlkampagne, Sarah Brown, hatte den Termin perfekt inszeniert. Da er am ersten offiziellen Tag des fünfwöchigen Wahlkampfsprints stattfand, waren wesentlich mehr Medienvertreter vor Ort als bei meinen früheren Besuchen des Reitvereins. Der leitende Politredakteur der BBC London, Tim Donovan – ein zwar brillanter Journalist, aber auch ein berüchtigter Unruhestifter –, hatte bereits bemerkt, dass eines der Pferde genauso hieß wie der Tory-Kandidat: Bailey. Ich selbst wollte den Namen meines Hauptkonkurrenten nicht erwähnen, um dessen Bekanntheitsgrad nicht noch zu steigern. Tim allerdings verschwendete einen Großteil seines Interviews auf den Versuch, mich dazu zu bringen, mich zu dem besagten Pferd zu äußern. (Ich habe gewonnen. Kommunikationsdisziplin!)

Letztlich ging mein Besuch dank des hilfsbereiten Personals und der überraschend wohlerzogenen Pferde reibungslos über die Bühne. Der Vormittag endete mit einem Fototermin: Ich posierte mit den Zügeln zweier Pferde in der Hand. Jack, noch nie ein Freund unnötig subtiler politischer Botschaften, hatte vorgeschlagen, sie jeweils mit einer Rosette zu schmücken – die eine rot, die andere blau. Der Zweikampf hatte begonnen.

Angesichts einer Rekordzahl von Kandidaten, die ebenfalls ihren Hut in den Ring geworfen hatten, war diese Botschaft wichtiger denn je. Zwanzig Menschen würden beim Bürgermeisterwahlkampf antreten, darunter einige markante Persönlichkeiten: vom Impfgegner Piers Corbyn (dem Bruder von Jeremy) bis zum bekennenden Urintrinker Brian Rose. Zudem war die Rechte stark vertreten – ihre Kandidatenpalette reichte vom früheren Schauspieler Laurence Fox bis zum *UKIP**-Kandidaten Peter Gammons. Keiner von ihnen hatte eine Chance gegen den einzigen Außenseiterkandidaten, der uns wirklich Sorgen bereitete: der furchterregende Aktivist und Volkes Stimme – Count Binface**.

---

* Die *United Kingdom Independence Party (UKIP)* ist eine EU-skeptische und rechtspopulistische britische Partei (Anm. d. Ü.).

** Count Binface (dt.: »Graf Mülltonnengesicht«) ist einer der bei britischen Wahlen fast schon traditionellen satirischen Spaßkandidaten. 2018 vom britischen Komiker Jonathan David Harvey ins Leben gerufen, ist er u. a. 2019 und 2024 bei den Parlamentswahlen sowie 2021 und 2024 bei den Londoner Bürgermeisterwahlen angetreten (Anm. d. Ü., Quelle: Wikipedia).

Die reine Anzahl der Kandidaten stellte jedoch nicht die einzige ungewöhnliche Besonderheit der Wahl von 2021 dar. Sie fand mit einjähriger Verspätung statt, in einer durch Corona veränderten Welt (und bei immer noch geltenden Beschränkungen für Kundgebungen und Versammlungen in geschlossenen Räumen). Und von vornherein war klar, dass die Klimaproblematik für viele Londoner inzwischen ganz oben auf der Tagesordnung stand. Es hatte den Anschein, als könnte es dieses Mal tatsächlich die grüne Wahl werden, auf die ich 2016 gehofft hatte.

Doch gleichzeitig stieß unsere grüne Agenda auf größeren – und lauteren – Widerstand als je zuvor. Hatten wir 2016 noch darum kämpfen müssen, dass unsere Klimapolitik das Maß an Aufmerksamkeit erhielt, das wir uns wünschten, sahen wir uns dieses Mal mit dem gegenteiligen Problem konfrontiert: Sie wurde zum Gegenstand einer intensiven Prüfung und in vielen Fällen zum Opfer organisierter Angriffe.

Im Laufe des Kurzwahlkampfs mussten wir feststellen, dass unser grünes Programm allerorten auf heftige Kritik stieß: in den Zeitungen, am Rande unserer Wahlkampfveranstaltungen und in den sozialen Medien. Wir erkannten sehr bald, dass sich die Spielregeln seit 2016 geändert hatten. Beim letzten Mal war die Apathie das größte Hindernis für unsere grüne Agenda gewesen; dieses Mal war es die Feindseligkeit.

Am 3. November 1969 trat US-Präsident Richard Nixon im amerikanischen Fernsehen auf, um die »lautstarke Minderheit« zu kritisieren, die gegen den Vietnamkrieg protestierte. Im Laufe des Vorjahres waren die Straßen vieler amerikanischer Städte durch zunehmend tumultartige und öffentlichkeitswirksame Friedensproteste lahmgelegt worden. In seiner berühmten Ansprache spielte Nixon die Sorgen der Aktivisten herunter und appellierte stattdessen an »die große schweigende Mehrheit meiner amerikanischen Landsleute«: an jene, die seinen Plan unterstützten, den Krieg zu beenden, indem man ihn zunächst einmal intensivierte.[1] Seiner Argumentation nach war es eine kleine Minderheit progressiver Aktivisten, die den ganzen Lärm machten, während das wahre Herz Amerikas im Stillen konservativ war.

Seither werden Begriffe wie »schweigende Mehrheit« und »lautstarke Minderheit« im Wesentlichen mit den Rechten in Verbindung gebracht. Ronald Reagan benutzte sie im Zuge seiner Präsidentschaftswahlkampagnen über die gesamten 1980er Jahre hinweg. In jüngerer Zeit hat auch Donald Trump in Reaktion auf die Proteste angesichts der Ermordung von George Floyd die »schweigende Mehrheit« heraufbeschworen – obwohl es, dem klassischen Trump-Stil gemäß, nicht ganz klar war, wen er für diese Mehrheit hielt oder was diese eigentlich wollte.

Aufgrund dieser wechselvollen Geschichte hüten sich progressive Kräfte häufig davor, sich auf die Vorstellung einer »schweigenden Mehrheit« zu berufen. Außer, wenn es um den Klimawandel ging, denn hier hatten wir es genau damit zu tun. Die Umfrageergebnisse waren eindeutig: Ein Großteil der britischen Öffentlichkeit betrachtete den Klimawandel als ein schwerwiegendes Problem. 2021 waren 82 Prozent der Londoner Bevölkerung angesichts des Klimawandels beunruhigt, wobei mehr als zwei Drittel aussagten, dass sich ihre Besorgnis im vorangegangenen Jahr gesteigert hätte.[2] Doch wenn man Zeitungen las oder den Fernseher einschaltete, hatte man den Eindruck, dass es sich beim Klimawandel um ein kontroverses Thema handelte und sich große Teile der Öffentlichkeit konsequenten Umweltschutzmaßnahmen entgegenstellten.

Warum? Weil es eine kleine, aber oft sehr laute Gruppe von Einzelpersonen gab, die sehr nachdrücklich Meinungen zum Thema Klima äußerten, die nicht besonders weit verbreitet waren (und sind). Ob sie nun Twitter-Attacken organisieren, bei Radiosendern anrufen oder Petitionen ins Leben rufen – sie neigen dazu, die Unterstützung, die sie erfahren, zu übertreiben. Im Zusammenspiel mit einem Massenmedium, das entschlossen ist, diesen Menschen eine Plattform zu bieten, ergibt das eine toxische Mischung. Also werden Politiker nervös und machen in Bezug auf durchgreifende Klimaschutzmaßnahmen einen Rückzieher.

Nehmen wir zum Beispiel die Hitzewelle im Sommer des Jahres 2022, bei der die Temperaturen in London erstmals in der Geschichte die 40-Grad-Marke überstiegen. Die *Daily Mail* titelte: »Sonnentag bringt Schneeflocke Großbritannien zum Schmelzen«.[3] Die Klimakrise fand einzig in Form eines Fotos von Klimaaktivisten Erwähnung, die laut Bildunterschrift »das Elend verlängern«. Ein Leitartikel deutete an, dass die Reaktion des Vereinigten Königreiches auf die noch nie dagewesene Hitze das Zeichen einer Schwäche im Volkscharakter sei: »Wenn man den apokalyptischen Klimaexperten und der BBC zuhört, könnte man meinen, Großbritannien stünde kurz vor der Selbstentzündung«, schrieb die *Daily Mail.*[4] Im *Daily Express* behauptete der klimaskeptische Kolumnist James Whale – fälschlicherweise –: »Planeten bewegen sich nun mal, und wir rücken der Sonne seit Tausenden von Jahren immer näher. Über die Jahrhunderte kommt es daher zu Klimaschwankungen.«[5] Ähnlich äußerte sich Brendan O'Neill im *Spectator*, indem er die Frage stellte: »Hat noch jemand genug von dieser ganzen grünen Hysterie angesichts der Hitzewelle?«[6] Was all diese Artikel verbindet, ist ihre Missachtung der faktischen Beweise. Um hier nur eine von unzähligen solcher Statistiken anzuführen: Die zwölf heißesten Tage in der Geschichte Großbritanniens wurden allesamt ab 2002 registriert.

Während des Wahlkampfs von 2021 war diese lautstarke Minderheit lauter als je zuvor. Nehmen wir zum Beispiel die verkehrsberuhigten Wohngebiete *(LTN)*. Eine kleine

Gruppe von Gegnern dieser Vorhaben übertönte die große Mehrheit der Anwohner, die sich für eine Ausweitung von Fußgängerzonen und weitere Maßnahmen zur Verkehrsberuhigung aussprachen. Umfrageergebnisse aus dem Jahr 2020 zeigten, dass eine Mehrheit der Londoner Bevölkerung das Konzept der *LTN* befürwortete.[7] In meinem Wahlprogramm von 2021 versprach ich eine Zusammenarbeit mit den Londoner Bezirken, um sicherzustellen, dass Gemeinden und Interessengruppen bei diesen Vorhaben auf angemessene Weise miteinbezogen würden – um sie gegebenenfalls nachzubessern oder dort, wo sie als Erfolg gewertet wurden, dauerhaft zu etablieren.

Während die Wahlkampagne Fahrt aufnahm, entwickelte sich diese Thematik zu einem klassischen Problem der »lautstarken Minderheit«. Feindlich gesinnte Medien griffen die *LTN* als ein Beispiel für die Anmaßungen des Rathauses auf. Unter den überzogenen Schlagzeilen der *Daily Mail* fanden sich solche wie: »London zieht gegen Sadiqs ›rechtswidrige‹ Straßenprojekte in den KRIEG«.[8] In einem anderen Artikel in der *Daily Mail* wurde – unrichtigerweise – behauptet, dass *LTN* das Problem der Luftverschmutzung noch verschlimmerten (oder, um genau zu sein: »VERSCHLIMMERTEN«).[9] Hinter dieser Medienkampagne stand ein kleines Netzwerk von *LTN*-Gegnern – zumeist bestehend aus Gruppen von Anwohnern, die zwar auf keine nennenswerte Unterstützung stießen, ihre Meinungen allerdings sehr lautstark kundtaten, insbesondere in den sozialen Medien.

Meine politischen Kontrahenten witterten eine Chance. Shaun Bailey griff das Narrativ der Medien auf, um die *LTN* als ein viel größeres Problem darzustellen, als sie es waren, und das Ausmaß des öffentlichen Widerstands künstlich zu verstärken. Bailey attackierte die *LTN*, indem er ohne entsprechende Beweise behauptete, dass sie zu einem Verkehrskollaps führten (in einem Fall beschrieb er einen verkehrsberuhigten

Bereich als »eine Straße, die vom Stadtrat und von Sadiq Khan gesperrt wurde – ohne dass die Anwohner je ein Mitspracherecht gehabt hätten«).[10] Wiederholt versprach er, »ungewollte« *LTN* wieder abzuschaffen.

Diese Art von Politik war äußerst schwammig. Bailey hatte nicht verraten, wie er herauszufinden gedachte, welche *LTN* »ungewollt« waren und welche nicht. Genauso wenig hatte er eingeräumt, dass er als Bürgermeister schlicht gar nicht die Macht besäße, sie abzuschaffen – sie werden nämlich von den Londoner Bezirksräten umgesetzt und nicht vom Rathaus. Tatsächlich gingen die gesetzlichen Richtlinien, durch die die Gemeinderäte dazu aufgefordert wurden, solche Maßnahmen zu ergreifen – ebenso wie deren Finanzierung –, nicht auf mich, sondern auf die konservative Regierung zurück.

Jedoch bedeutete die Unredlichkeit dieser Aussagen keinesfalls, dass sie ihre politische Wirkung verfehlten. Bailey hatte zwischen den einzigen beiden Kandidaten, die eine realistische Chance auf den Wahlsieg hatten, eine klare Trennlinie gezogen. Durch die unzutreffende Behauptung, dass es in der Öffentlichkeit einen massiven Widerstand gegen die *LTN* gäbe, war es Bailey – trotz aller Gegenbeweise – gelungen, ein Problem, das eigentlich keines war, zu einem der größten Themen des Kurzwahlkampfs zu machen. Bald musste ich mich in zahllosen Interviews zur Frage der *LTN* äußern, selbst bei einem der ersten Termine meiner Kampagne.

Einige Wochen vor meinem Besuch im *Ebony Horse Club* war ich zum Auftakt meiner Medienkampagne Richtung Norden aufgebrochen – ins *Hot Milk Cafe* in Enfield. Dort wollte ich über meine Pläne sprechen, mich auf »Arbeitsplätze, Arbeitsplätze, Arbeitsplätze« zu konzentrieren und Inlandstouristen wieder zurück in die Londoner Innenstadt zu locken. Als sich die Nachricht von meinem Besuch verbreitete, versammelte sich eine Gruppe von Anwohnern, die mit mir über eine örtliche *LTN* diskutieren wollten. Schnell begannen sie, die Pressegespräche, die ich führte, zu stören. Das war nicht weiter tragisch. Mein Team und ich zogen uns nach draußen in den Garten hinter dem Café zurück, um dort unsere Interviews fortzusetzen und die Unannehmlichkeiten für die Mitarbeitenden des Cafés möglichst gering zu halten. Unterdessen überließen wir es meiner Stellvertreterin Joanne McCartney, mit den Aktivisten ins Gespräch zu kommen (als lokale Abgeordnete der London Assembly kannte sie sich mit den örtlichen Gegebenheiten ohnehin viel besser aus als ich). Also kein Problem, dachten wir. Bis ich sah, dass dieser Zwischenfall in der Berichterstattung so dargestellt wurde, als hätte ich mich dazu »gezwungen« gesehen, mich »in einem Café zu verkriechen«, um den Anwohnern zu entkommen.[11]

Die Auswirkungen jenes Protestes auf die Wahl waren überschaubar, aber nicht jedes Problem einer »lautstarken Minderheit« war politisch so harmlos wie dieses. Bestand im Wahlkampf von 2016 mein großer unerzwungener Fehler in meinem Versprechen, eine utopische Zahl von Bäumen zu pflanzen, so brachte ich 2021 die »Grenzgebühr« zu früh ins Gespräch. Dabei handelte es sich um eine tägliche Gebühr in Höhe von 3,50 Pfund, die Nicht-Londoner für Fahrten in den Großraum London bezahlen sollten. Angesichts einer *TfL*, die sich mit einem riesigen postpandemischen Haushaltsdefizit konfrontiert sah, das auf einen Einbruch der Einnahmen aus Ticketerlösen und eine unzureichende Unterstützung seitens der Regierung zurückzuführen war, schien die Idee anfangs ein genialer politischer Schachzug zu sein. Selbst wenn es ihnen nicht gefiel, so hatten diejenigen, die es betraf, keine Möglichkeit, ihren Widerspruch bei der Bürgermeisterwahl zum Ausdruck zu bringen: Sie waren schließlich keine Londoner. In Anbetracht dessen war ich blauäugig genug, dieses Vorhaben Anfang 2021 ein paar Mal in Interviews zu erwähnen, noch bevor wir geprüft hatten, ob es überhaupt umsetzbar war.

Ein großer Fehler. Meine Gegner tauften diese politische Maßnahme sofort »Checkpoint Chigwell«*, eine Angriffslinie, die umso ärgerlicher war, da ich zugeben musste, dass sie ziemlich witzig war. Bald darauf kursierten im Netz irreführende Behauptungen bezüglich der Gebühr, die zudem fälschlicherweise als eine »Londoner Vorortsteuer« bezeichnet wurde. Offenkundig von revolutionärem Eifer befeuert, begannen kleine, aber lautstarke Gruppen von Autofahrern, die Gebühr unter dem Motto »Keine Besteuerung ohne politische Mitbestimmung« anzuprangern – eine Zeile, die meiner Auffassung nach eher in das amerikanische Boston des Jahres 1773 gehörte als in das britische Buckinghamshire des Jahres 2021. Die Gebühr wurde zwar niemals eingeführt, aber zweifellos hat mich allein der Umstand, sie ins Gespräch gebracht zu haben, Stimmen gekostet.

Es war auch nicht gerade hilfreich, dass ich während desselben Wahlkampfs aus einer ganz anderen Ecke für meine Umweltpolitik angegriffen wurde. Denn ein weiteres Problem einer »lautstarken Minderheit«, das ständig von den sozialen Medien und Aktionsgruppen aufgegriffen wurde, war der Silvertown-Tunnel, ein im Bau befindlicher Straßentunnel, der unterhalb der Themse zwischen Greenwich im Süden und Newham im Norden verlaufen sollte.

Ich kann absolut nachvollziehen, warum der Gedanke, einen Straßentunnel zu bauen, auf den ersten Blick für jeden, dem an der Reinhaltung unserer Luft gelegen ist, einen Gräuel darstellt. Aber in der Realität ist das nicht ganz so einfach. Der Blackwall-Tunnel – momentan in diesem Teil Londons die einzige Alternative – ist nicht für das heutige Verkehrsaufkommen geplant worden. Er wurde 1897 eröffnet und ist für Pferde und

* Die Kleinstadt Chigwell grenzt an den nordöstlichen Rand von Greater London und ist über die *Central Line* an das Londoner U-Bahnnetz angeschlossen (Anm. d. Ü.).

Kutschen ausgelegt. Daher weist er auch einige enge Kurven auf, die verhindern sollten, dass die Pferde durchgingen, sobald sie das Tageslicht erblickten. Dieser viktorianische Tunnel wird im Jahr durchschnittlich siebenhundertmal geschlossen, und selbst eine Sperrung für nur sechs Minuten hat schnell eine Fahrzeugschlange zur Folge, die sich über fünf Kilometer erstreckt. Das wiederum führt in einem der sozial am meisten benachteiligten Stadtteile Londons zu Staus und schlechterer Luftqualität. In der Tat ist die Eindecker-Buslinie 108 eine der unzuverlässigsten Busverbindungen Londons, allein deshalb, weil sie auf den Blackwall-Tunnel angewiesen ist, um von der einen Seite der Themse zur anderen zu gelangen. Infolgedessen ist sie kaum ausgelastet, denn die Menschen greifen lieber auf das Auto zurück, als ein selten und unzuverlässig fahrendes öffentliches Verkehrsmittel zu benutzen.

Auch wenn ich den Widerstand dagegen durchaus nachvollziehen kann, ist der Silvertown-Tunnel nicht das Problem, sondern ein Teil der Lösung. Und in den vergangenen Jahren habe ich viel Zeit darauf verwendet zu versuchen, die Leute davon zu überzeugen.

Zum Zeitpunkt der Wahl im Jahr 2021 existierten die Pläne für den Silvertown-Tunnel bereits seit mehr als einem Jahrzehnt. Bei meinem ersten Amtsantritt im Jahr 2016 habe ich eine eigene Prüfung der Vorteile dieses Vorhabens vorgenommen und umfangreiche Verbesserungen eingebracht, um es umweltfreundlicher zu gestalten und sicherzustellen, dass es den Menschen vor Ort Nutzen bringen würde. Aufgrund dessen war das Projekt inzwischen ganz anders – und um einiges besser – als ursprünglich geplant. Zunächst einmal konzentriert es sich nun viel mehr auf den öffentlichen Nahverkehr, da ab dem Tag der Eröffnung des Tunnels dort emissionsfreie Doppeldeckerbusse in engerer Taktung verkehren sollen. Auch den Bauprozess haben wir umweltfreundlicher gestaltet, indem wir einerseits für den Transport der Baumaterialien eine maximale Nutzung des Flusses ermöglicht haben – ein Weg, um die Zahl der Schwerlastwagen auf der Straße zu reduzieren – und andererseits anordneten, dass alle für den Bau eingesetzten Fahrzeuge den höchsten Emissionsstandards entsprechen müssen.

Außerdem beschlossen mein Team und ich, die Umweltfolgen des Tunnels genau unter die Lupe zu nehmen – unseren Modellen zufolge würden diese aufgrund der reduzierten Staugefahr positiv ausfallen. Die *TfL* hat zudem umfassende Pläne entwickelt, um die Auswirkungen des Projekts auf die Luftqualität in East London zu überwachen. Auf meinen Wunsch hin wird die *TfL* ihre Einschätzung im Laufe des Projektes fortwährend aktualisieren, wofür Überwachungsgeräte an 35 Standorten in fünf Stadtbezirken beständig neue Daten zur Luftqualität erfassen, die regelmäßig über das *London Air Quality Network* (»Netzwerk der Londoner Luftqualität«) veröffentlicht werden.

Wir haben sichergestellt, dass den Steuerzahlern dadurch einstweilen keine Kosten entstehen. Für die Nutzung des Tunnels wird künftig eine Mautgebühr erhoben – ebenso wie für den älteren Blackwall-Tunnel –, wobei sich beide im Bereich der erweiterten Ultra-Niedrigemissionszone befinden, was wiederum zu einer Verbesserung der Luftqualität und zu einem Abbau der CO_2-Emissionen beiträgt. Und da der Bau durch eine öffentlich-private Partnerschaft finanziert wird, mussten weder die Steuerzahler noch die *TfL* dafür aufkommen: Die *TfL* wird erst dann Geld beisteuern (und dafür die durch Mautgebühren erzielten Einnahmen verwenden), wenn der Tunnel 2025 fertiggestellt sein und in Betrieb genommen werden wird.* Tatsächlich werden durch die erhobenen Mautgebühren nicht

* Der Silvertown-Tunnel wurde am 7. April 2025 eröffnet. Sowohl der Silvertown- als auch der Blackwall-Tunnel sind seitdem mautpflichtig (Anm. d. Ü., Quelle: Wikipedia).

nur die Baukosten wieder eingespielt – sie decken auch für 25 Jahre die laufenden Betriebskosten des Tunnels ab.

All dies wurde zusätzlich um eine Reihe von Vorteilen für die örtliche Gemeinde ergänzt. So sehen die Silvertown-Planungen eine Million Pfund dafür vor, lokale Unternehmen bei der effizienten Planung ihrer Wege und beim Übergang zum neuen Gebührensystem zu unterstützen sowie Ortsansässigen mit niedrigerem Einkommen einen Mautrabatt zu gewähren. Außerdem werden durch das Projekt in diesem Gebiet unzählige Arbeitsplätze entstehen, denn 25 Prozent der einzustellenden Arbeitskräfte müssen aus der näheren Umgebung stammen, darunter Auszubildende, deren Lohn mindestens dem in London geltenden Existenzminimum entspricht.

Daher war ich davon überzeugt, dass der Bau des neuen Tunnels die richtige Entscheidung war. Durch ihn würde das Problem endlich in Angriff genommen, und der Verkehrskollaps in diesem Gebiet – mitsamt dessen negativen Auswirkungen auf Verkehrsbelastung, Luftqualität und Produktivität – würde erheblich reduziert werden. Außerdem würde das Wirtschaftswachstum in East London gefördert werden.

Ich hatte das Gefühl, dass auch die örtliche Gemeinde damit einverstanden war. Während der Planentwicklung hielten wir beiderseits des Flusses regelmäßig Versammlungen mit Bürgerinitiativen ab und gründeten zudem die *Silvertown Tunnel Implementation Group* (»Silvertown-Tunnel-Umsetzungsgruppe«), die das Projekt im Namen der Londoner Bevölkerung ordnungsgemäß überwachen sollte. Diese Art der demokratischen Kontrolle ist das Herzstück des gesamten Vorhabens: In den Planungsbedingungen ist verankert, dass wir Verkehr, Luftqualität, Lärmbelastung sowie die wirtschaftlichen und sozialen Folgen für die Dauer des Projekts fortwährend überwachen müssen.

Doch trotz all meiner Bemühungen, die fortschrittlichen Referenzen des Silvertown-Tunnels aufzuwerten, blieben viele

Umweltaktivisten bei ihrer ablehnenden Haltung: nicht zuletzt Siân Berry, die 2021 erneut als Bürgermeisterkandidatin für die Grünen antrat und über den gesamten Wahlkampf hinweg eine entschiedene Kritikerin des Projektes war. Obwohl ich wusste, dass Siân die besten Absichten verfolgte (wir hatten dank ihrer Zugehörigkeit zur Ratsversammlung eng zusammengearbeitet), schien diese Frage die ureigenste »Lautstarke-Minderheit«-Problematik der Grünen zu sein: etwas, das in Unterhaltungen mit Wählern in Greenwich und Newham so gut wie nie zur Sprache kam, aber in bestimmten Bereichen von Twitter und in den Medien ständig Thema war.

Als unsere Wahlkampagne 2021 allmählich in Schwung kam, stießen viele unserer politischen Strategien auf eine ähnlich kleine, aber lautstarke Opposition; das galt insbesondere für unsere umweltpolitischen Maßnahmen. Alles deutete darauf hin, dass unsere Vorschläge in der Bevölkerung auf breite Unterstützung stießen, dennoch begegneten sie allesamt einem lautstarken Widerstand, der in weiten Teilen der Medien voller Schadenfreude aufgegriffen wurde. Mein Wahlkampfteam war fassungslos und frustriert. Wie war es dazu gekommen, dass wir unsere gesamte Zeit darauf verwenden mussten, politische Maßnahmen zu verteidigen, von denen wir wussten, dass sie von der breiten Öffentlichkeit unterstützt wurden? Und was konnten wir tun, um die Wahlkampagne wieder auf Kurs zu bringen?

2016 hatte Jack für unsere Kampagne die innovative Idee gehabt, innerhalb einer Woche in jedem Londoner Bezirk einen kurzen Wahlkampfauftritt zu absolvieren. In der damaligen Kampagne haben wir das schon allein aufgrund der enormen Größe der Stadt und der notwendigen logistischen Planungen nicht so recht zustande gebracht. Wir waren nicht einmal sicher, ob das überhaupt möglich war, ohne all unsere weiter gefassten Wahlkampfziele komplett aus den Augen zu verlieren. Aber 2021 waren wir fest dazu entschlossen. Freitag, der 30. April, bildete den Startpunkt für die intensive Woche unserer Hauptstadt-Tour.

Vierzehn Stunden am Tag damit zu verbringen, sich mit Londoner Bürgern zu unterhalten, war mehr als nur eine clevere Wahlkampftaktik. Mit Menschen aller Glaubensrichtungen, Altersgruppen und Herkünfte ins Gespräch zu kommen und ihnen zuzuhören, war von unschätzbarem Wert. Man entwickelte ein viel klareres Gespür dafür, was für die jeweiligen Gemeinschaften tatsächlich wichtig war, als es auf irgendeinem anderen Weg möglich wäre. Und das hatte häufig mit Essen zu tun. Ob ich nun Teigtaschen zubereitete, während ich mich in Chinatown mit dem Küchenpersonal unterhielt, oder ob man mir auf einem Spaziergang entlang der Green Lanes in Haringey Köfte und Kebab anbot – stets wurde ich daran erinnert, dass die Menschen in London wirklich sehr gern essen. Am Ende eines jeden Tages fühlte ich mich energiegeladen und hatte gleichzeitig einen Bärenhunger. Es war gerade der Fastenmonat Ramadan und ebenso wie Hunderttausende Londoner in der ganzen Stadt fastete auch ich Tag für Tag von Sonnenauf- bis Sonnenuntergang – zu dieser Jahreszeit also von etwa 2:30 Uhr morgens bis 9 Uhr abends –, daher konnte ich keine der Mahlzeiten, die man mir anbot, anrühren.

Die »32-Bezirke-Strategie« war mein Versuch, das Problem der »lautstarken Minderheit« in den Griff zu bekommen. Das, was London wirklich denkt, ist das, was ich den Puls, das pochende Herz unserer Stadt nenne, das, wie sie zu einer bestimmten Frage steht. Die einzige Möglichkeit, diesen Puls aufzuspüren, ist rauszugehen und den Menschen zuzuhören – an Bushaltestellen, in Parks und in Cafés. Wenn man in der Lage ist, zwischen der tatsächlichen öffentlichen Meinung und der lautstarken Minderheit zu unterscheiden – was nicht immer einfach ist –, kann man daraus das Vertrauen ziehen, das notwendig ist, um an seinem Weg festzuhalten.

Nehmen wir zum Beispiel meinen Spaziergang entlang der Green Lanes. Wenn ich nicht gerade allen, die einen Kebab aßen, neidvolle Blicke zuwarf, begegnete ich Anwohnern, die durch eine im Rahmen von *Streetspace* umgesetzte Maßnahme dazu ermuntert worden waren, ihre Autos stehen zu lassen und stattdessen aufs Fahrrad zu steigen. Sie fanden es toll, wie sich die Londoner Stadtplanung seit 2020 verändert hatte. Wie ich später herausfand, hatten sich, als der Stadtrat seinerzeit über die Vorschläge beraten hatte, 85 Prozent der Befragten dafür ausgesprochen.[12] Bei einem Besuch der inzwischen zur Fußgängerzone umgewandelten Francis Road in Leyton indessen traf ich Londoner Bürger, die von den *Cycle Sisters* unterstützt worden waren – einer Gruppe, die sich dafür engagiert, muslimische Frauen zum Fahrradfahren zu ermuntern, und deren zweimal wöchentlich stattfindende Radtouren immer beliebter wurden. Auch sie waren begeistert von den Veränderungen, die sie in Londons Straßen beobachten konnten.

Doch den wahren Puls der Stadt nimmt man erst am eigentlichen Wahltag wahr. Wenn man am Morgen der Abstimmung von Tür zu Tür zu ziehen beginnt, bekommt man ein unendlich deutlicheres Gespür dafür, was die Öffentlichkeit tatsächlich denkt, als zu jedem anderen Zeitpunkt des Wahlkampfs. In dieser Hinsicht war die Parlamentswahl im Dezember 2019 geradezu herzzerreißend gewesen. London hat den größten jüdischen Bevölkerungsanteil des gesamten Landes, und obwohl ich im Vorfeld der Wahlen mit vielen Wählern positive Gespräche geführt hatte, wurde es am Wahltag selbst glasklar, dass sich die gegen die Labour-Partei gerichteten Antisemitismus-Vorwürfe als verheerend erweisen würden.[13] Wir erlitten unsere schlimmste Wahlniederlage seit 1935. Angesichts dieser Erfahrung – uns allen noch frisch in Erinnerung – würde sich der Wahltag 2021 außerordentlich nervenaufreibend gestalten. Wochenlang hatten wir der Feindseligkeit der Medien und der Opposition der Tory-Partei, die sich auf unsere grüne Agenda konzentrierten, entgegentreten müssen. Hatten wir die richtige Entscheidung getroffen?

Obwohl ich nicht abergläubisch bin, gibt es eine gewisse Wahltagsroutine, die ich gern befolge. Die bestorganisierten Kampagnen sehen für diesen Tag akribisch geplante Abläufe vor. »Get out the vote« *(GOTV)** ist dabei der Höhepunkt einer immensen Wahlkampfarbeit. Aktivisten haben Wochen, Monate und Jahre darauf verwendet, jene Menschen zu ermitteln, die geäußert haben, dass sie für deine Partei oder deinen Kandidaten abstimmen oder dies mit hoher Wahrscheinlichkeit tun werden – sogenannte »Promises« (»Versprechen«). *GOTV* bedeutet, den Tag damit zu verbringen, diese Menschen anzurufen oder an ihrer Haustür zu klingeln, oftmals mehrfach, um sicherzugehen, dass sie ihre Stimme tatsächlich abgegeben haben. Dabei zählen jede Tür und jede Minute. Meine Aufgabe als Kandidat bestand darin, Freiwillige und Aktivisten zu mobilisieren und mit so vielen Wählern wie nur möglich zu sprechen.

Einer der ersten Orte, die ich besuchte, war Islington in North London. Gemeinsam mit der örtlichen Parlamentsabgeordneten, meiner guten Freundin Emily Thornberry, brachen wir auf, um von Tür zu Tür zu ziehen. An einer dieser Türen fand ich mich plötzlich in einer lautstarken Auseinandersetzung mit einem Anwohner wieder, der ausfallend wurde und mich rassistisch beleidigte. Das war ein holpriger Start in den Tag, der mich verunsicherte. Zumindest für einen Moment. Als ich wegging, sah ich Emily mit großen Schritten über das Grundstück laufen, um dem Mann gehörig die Meinung zu sagen. Innerhalb von Minuten wurde sie dabei von anderen Anwohnern unterstützt, die meinen Ruf verteidigten und den Wähler wegen seiner Äußerungen zur Rede stellten. Ein gutes

---

* »Die Wählerstimme herausholen« – eine spezielle Form der Wählermobilisierung (Anm. d. Ü.).

Zeichen! Immerhin gaben mir die Londoner zumindest gegenüber diesem Rassisten eindeutig den Vorzug.

Danach ging es weiter nach Crouch End. Dort wollte ich einem kleinen Unternehmen einen mittlerweile zur Tradition gewordenen Besuch abstatten: *Dunns Bakery*. Am Wahltag im Jahr 2016 hatte ich entdeckt, dass *Dunns* einen Wettbewerb mit Donuts veranstaltete, die mit den Gesichtern der Bürgermeisterkandidaten verziert waren. Der meistverkaufte Donut gewann. Es hatte mich all meine Selbstbeherrschung gekostet, nicht sofort die *GOTV*-Aktion in Haringey abzusagen, um Hunderte von Labour-Anhängern dorthin zu schicken, damit sie Sadiq-Donuts kauften. 2021 war ich erfreut zu sehen, dass tatsächlich Sadiq-Donuts zum Kauf angeboten wurden. Noch ein gutes Zeichen! Mein Donut schien zu gewinnen.

Nach ein paar Stunden Haustürwahlkampf nördlich der Themse kehrte ich zu guter Letzt in heimatliche Gefilde zurück. Mittlerweile fühlte ich mich gut. Die persönlichen Gespräche mit den Wählern waren positiv verlaufen und deuteten auf jede Menge Unterstützung für Keir Starmer, den neuen Vorsitzenden der Labour-Partei, hin. Aber wie alle bewährten Labour-Anhänger nur allzu gut wissen, hört der Wahlkampf nicht auf, bevor die Wahllokale um 22 Uhr ihre Türen schließen. Als die Dunkelheit hereinbrach, ging ich in die örtliche Moschee, um mein Fasten zu brechen und das Abendgebet Maghrib zu sprechen, bevor ich zu dem berühmten pakistanischen Restaurant *Lahore Karahi* in Tooting aufbrach, um dort schnell einen Kebab zu essen. Aufgrund der Corona-Regeln war es nicht erlaubt, in Innenräumen zu speisen – also machte einer meiner Freunde einen Schnappschuss davon, wie ich draußen auf der Straße den ersten Bissen des Tages aß, und postete diesen auf Twitter. Aus unerfindlichen Gründen ging der Post viral. Das für meine digitale Kampagne zuständige Team konnte gar nicht fassen, dass von all unseren sorgfältig geplanten Wahltagsmeldungen ausgerechnet ein spontaner

Schnappschuss von mir beim Kebab-Essen zur erfolgreichsten Online-Nachricht unserer gesamten Wahlkampagne wurde.

Es gibt einen Teil von Tooting, wo ich seit Jahrzehnten die letzten Stunden eines Wahltags verbracht und jeden Einzelnen dazu ermutigt habe, von seinem Stimmrecht Gebrauch zu machen. Um zehn Minuten vor zehn klopfte ich an die Tür meines letzten Wählers. Er hatte gerade unsere Abwrackprämie in Anspruch genommen, um sich ein neues Auto zu kaufen, das die Anforderungen der Ultra-Niedrigemissionszone erfüllte. Ein letztes gutes Zeichen! Unsere Klimabotschaft schien anzukommen. Ich wusste, ich konnte darauf vertrauen, dass die Einwohner von Tooting hinter mir standen.

Ich hatte das Gefühl, dass meine Jagd nach dem Puls der Stadt (und nach positiven Zeichen) funktioniert hatte, und war entsprechend zuversichtlich. Aber zum Feiern war es noch zu früh.

Im Rathaus herrschte eine gespenstische Stille, als ich am Samstag nach der Wahl dort eintraf, um die Wahlergebnisse zu erfahren. Normalerweise haben diese Verkündungen eher etwas Karnevaleskes, wenn ganze Schwärme von Sympathisanten und Journalisten lautstark die Bekanntgabe der Ergebnisse einfordern. Doch infolge der Corona-Regeln gab es dieses Mal keine Menschenmenge. Das sorgte dafür, dass die Stimmung sogar noch angespannter war als sonst. Es war auch nicht gerade hilfreich, dass der Wahltag trotz all der guten Vorzeichen stressig gewesen war. Angesichts der Rekordzahl von Kandidaten war der Stimmzettel in zwei Spalten geteilt worden. Meine Freundin Dawn Butler, die für Brent Central im Parlament saß, hatte mich frühmorgens voller Panik angerufen, um mir mitzuteilen, dass Dutzende ihrer Wähler den Stimmzettel verwirrend fanden und nicht wussten, wie sie mir ihre Stimme geben sollten. Inzwischen überschlugen sich die Berichte darüber, dass eine nie dagewesene Anzahl von Stimmzetteln aufgrund von Verwirrungen, wie das Kreuz zu setzen war, nicht gezählt werden konnten. Als ich mit Sarah, Jack und meinen leitenden Beraterinnen Felicity Appleby und Njoki Mahiaini zusammensaß, versuchten wir herauszufinden, was das für uns bedeuten könnte. Sie alle hatten seit Monaten rund um die Uhr gearbeitet. Der Gedanke, dass all unsere Bemühungen durch einen unübersichtlich gestalteten Stimmzettel zunichtegemacht werden könnten, war für uns schlicht unerträglich.

Während die Stimmauszählung andauerte, wurde die Verkündung des Ergebnisses zunächst ein Mal und dann noch ein weiteres Mal verschoben. Wenigstens hatte ich 2016 meine Lektion gelernt: Dieses Mal hatte ich zwei Notfall-*Snickers* dabei. Als Stunde um Stunde verging, saß ich in meinem Büro und spürte die einzigartige Mischung aus Erschöpfung und Adrenalin, wie man sie nur dann erlebt, wenn man bei einer Wahl antritt. Als die Zeit des Fastenbrechens gekommen war, stellte ich fest, dass ich gar keinen Hunger hatte, und setzte stattdessen auf einige Dosen Edel-Limonade, die von irgendwoher aufgetaucht waren.

Die Beleuchtung im Rathaus wird von einer Zeitschaltuhr gesteuert und abends automatisch abgeschaltet, um Energie zu sparen. Zu einem bestimmten Zeitpunkt gingen also die Lampen aus, und ich saß allein in meinem Büro, schaute aus dem Fenster auf die Lichter der gesamten Stadt und dachte über die fünf Jahre nach, die seit meiner ersten Wahl zum Bürgermeister vergangen waren. Es gab noch so viel, was ich tun wollte.

Kurz vor Mitternacht kam der Anruf mit der Aufforderung, sich zur Verkündung des Wahlergebnisses nach unten zu begeben. Dieses Mal war mir der Saal zwar um einiges vertrauter, aber die Umstände waren völlig andere. In unterschiedlichen Zuständen von Erschöpfung und Gelassenheit standen alle zwanzig Kandidaten in einer Reihe; auf dem Boden des

Rathaussaales waren entsprechende Markierungen zur Einhaltung der Sicherheitsabstände aufgebracht worden. Auch meine Stimmung war eine ganz andere. Müde, wie ich war, schien ich mir nur noch über den überraschend großen Kopf von Count Binface Gedanken machen zu können.

Zunächst verkündete der Wahlleiter den im Saal Versammelten das, was wir erwartet hatten: dass es sich bei den zwei Kandidaten, die die erste Runde überstanden hatten, um mich und Shaun Bailey handelte – ich hatte knapp über eine Million Stimmen erhalten, er knapp unter 900.000. Das war keine Überraschung. Schließlich hatten wir es hier mit einem Zweikampf zu tun.

Allerdings bedeutete dies auch, dass es nun tatsächlich auf die zweite Runde ankam. Wir benötigten ausreichend Zweitstimmen, um die Fünfzig-Prozent-Hürde zu nehmen, die für eine Wahl zum Bürgermeister erforderlich war. Als der Wahlleiter begann, die Ergebnisse der nächsten Runde zu verlesen, stand ich da, mit einem flauen Gefühl im Magen, und fragte mich, ob meine Kopfrechenkünste wohl dazu ausreichen würden, sofort herauszufinden, ob wir es geschafft hatten.

»Auf Sadiq Aman Khan entfielen 192.313 Zweitstimmen.« Selbst in meinem vom Schlafentzug gebeutelten Zustand wusste ich im selben Augenblick, dass wir es tatsächlich gepackt hatten. Das waren insgesamt mehr als 1,2 Millionen Stimmen. Wir hatten nicht nur gewonnen – wir hatten sogar mit der höchsten Stimmenanzahl gewonnen, die ein amtierender Bürgermeister jemals erzielt hatte.

Nach einer kurzen Rede und einer flüchtigen Umarmung von Saadiya und meinen Töchtern ging ich wieder zurück nach oben. Mein Team war euphorisch. Nach monatelanger Arbeit im Homeoffice in verschiedenen Teilen Londons waren viele wichtige Teammitglieder erstmals wieder gemeinsam im Rathaus versammelt: David, Paddy, Nick, Leah, nicht zu vergessen Nadeem Javaid und Joy Adeyemo, die mich in allen Dingen maßgeblich berieten. Schon allein deshalb war die Stimmung außergewöhnlich. Das erste Mal seit Ewigkeiten konnten wir einander umarmen, nachdem wir uns zuvor monatelang nur über Zoom gesehen hatten.

Alle konnten nur über den Wahlkampf reden, den wir gerade bestritten hatten. Eine Wahl wie diese hatte es nie zuvor gegeben. Die einmaligen Umstände und die gelegentlichen Anfeindungen hatten uns alle körperlich, mental und emotional gefordert. In erster Linie jedoch fühlten wir uns bestätigt. Dies war eine Wahl, in der eine kleine Gruppe der Londoner Bevölkerung ihre Stimme am lautesten erhoben hatte, so dass wir einen andauernden Zermürbungskrieg ausfechten mussten, um unsere Klimapolitik trotzdem unters Volk zu bringen. Aber wir hatten die Nerven behalten. Durch die harte Arbeit, die es bedeutete, in die Hauptstadt hinauszuziehen – und dabei den Puls von London aufzuspüren –, hatten wir herausgefunden, was die Londoner Bevölkerung wirklich wollte: eine grünere, gerechtere Stadt für alle. Jetzt hatten wir erneut den Auftrag erhalten, unser Versprechen wahrzumachen und Londons Luft von ihren giftigen Schadstoffen zu befreien.

Hindernis 6

Kosten

Michael war Elektriker. Um seinen Lebensunterhalt zu verdienen, war er auf seinen Diesel-Lieferwagen angewiesen, mit dem er sein Werkzeug von einem Einsatzort zum nächsten transportierte. Und er war, wie ich erfahren sollte, nicht der größte Fan meiner Politik.

Eine Sache, die ich als Politiker gelernt habe, ist, dass man immer im Dienst ist. Ich war beim Grillabend meines Neffen in South London, und bereits wenige Minuten nach meiner Ankunft wurde ich von Michael angesprochen, gerade als ich mich hingesetzt hatte, um etwas zu essen. Während ich meinen (Halal-)Burger schweren Herzens zurück auf den Teller legte, nahm ich mir vor, meinen Neffen mit sanftem Nachdruck dafür zurechtzuweisen, dass er Michael überhaupt eingeladen hatte. Allerdings warf Michael einige berechtigte Kritikpunkte auf. Dank meiner Politik würde er ab Oktober 2021 jeden Tag zusätzlich zu seinen Dieselkosten 12,50 Pfund zahlen müssen, weil sein Transporter nicht die Anforderungen der Ultra-Niedrigemissionszone erfüllte. Er war total wütend.

Ich konnte seine Wut nachvollziehen. In gutem Glauben hatte er seinen Wagen erst wenige Jahre zuvor gekauft, und solange er als Elektriker arbeitete, hatte er keine andere Wahl, als ihn zu benutzen. Die Anschaffung eines neuen Wagens stand nicht zur Debatte, vor allem, weil der Wert seines nichtnormkonformen Transporters inzwischen stark gesunken war.

Mithin würde er jede Woche zusätzlich 60 Pfund aufbringen müssen, und das, wo er ohnehin schon Schwierigkeiten hatte, über die Runden zu kommen und seine junge Familie zu ernähren.

Solche Gespräche sind immer schwierig. Ich hatte nicht die Absicht, bezüglich unserer Umweltpolitik einzulenken. Die zweite Hälfte des Jahres 2021 stellte für unseren Klimakampf eine entscheidende Phase dar; wir hatten vor, die Ultra-Niedrigemissionszone Ende Oktober auf das Achtzehnfache ihrer bisherigen Größe zu erweitern und damit unserem Klimaversprechen aus der Kampagne zur Wiederwahl nachzukommen. Außerdem würde im November die UN-Klimakonferenz in Glasgow stattfinden, die größte Tagung zum Thema Klimawandel seit Paris 2015. Dieser Anlass hatte uns dazu angespornt, unsere Klimaziele noch höherzustecken. Im September hatte ich während einer Debatte im Barbican Centre unsere Pläne für die kommenden Jahre vorgestellt, darunter ein neues Programm, mit dessen Hilfe Häuser und Arbeitsplätze umgerüstet werden sollten, um Emissionen zu reduzieren, sowie die Elektrifizierung unserer Busflotte.

Doch nichts davon würde zum Nulltarif zu haben sein. Klimamaßnahmen kosten Geld, und es war mir sehr wohl bewusst, dass dieses Geld durch die Erhebung von Steuern letztendlich von Menschen wie Michael kam. Schlimmer noch: Wenn wir nicht aufpassten, würden diese Kosten unverhältnismäßig schwer auf den Schultern der ärmsten Hauptstadtbewohner lasten. Somit hatte Michael nicht ganz Unrecht. Wenn wir nicht achtgaben, würde der grüne Wandel teurer ausfallen, als er – und Millionen anderer Londoner – es sich leisten konnte(n).

Als ich noch Parlamentsabgeordneter war, erzählte ich den Menschen oft, dass sich die Lebenserwartung mit jeder U-Bahnstation, die man von Westminster aus mit der *Jubilee Line* Richtung Osten fuhr, um fast ein halbes Jahr reduzierte.

Der Unterschied bezüglich der Lebenserwartung eines durchschnittlichen Einwohners von Westminster und von Newham beträgt mehr als vier Jahre. Vergleicht man den reichsten Londoner Bezirk (Kensington und Chelsea) mit dem ärmsten (Barking und Dagenham), so beträgt dieser Unterschied fünf Jahre.[1] Für mich sind das die besten Statistiken, um aufzuzeigen, wie ungleich London ist. Als Parlamentsmitglied erlebte ich diese Ungleichheit ganz unmittelbar. In Südlondon begegnet man auf der fünfminütigen Gehstrecke von der Ravensbury Road – von Bäumen und prunkvollen viktorianischen Einfamilienhäusern gesäumt – zum Henry Prince Estate – wo ganze Familien in überfüllten Ein- oder Zweiraumwohnungen leben –, zwei Welten, die heutzutage kaum miteinander interagieren, ganz zu schweigen von jener Zeit, als ich in der Wohnsiedlung aufwuchs.

Bei dieser Ungleichheit geht es um so viel mehr als nur um Wohlstand. Wie immer ist der Klimawandel ein aufschlussreiches Beispiel. In Kensington und Chelsea ist jeder zehnte angemeldete Privatwagen ein Range Rover – der höchste Anteil im ganzen Land.[2] Unterdessen besitzen in Barking und Dagenham weniger als die Hälfte der Einwohner überhaupt ein Auto. Alles in allem ist die Wahrscheinlichkeit, dass Menschen aus den unteren Einkommensklassen schadstoffreiche Autos fahren, bedeutend geringer. Nur 23 Prozent der Londoner mit niedrigem Einkommen fahren einmal pro Woche mit dem Auto, im Vergleich zu insgesamt 38 Prozent. Dieses Muster lässt sich auch auf die Rassenungleichheit übertragen. Nur 32 Prozent der Personen of Colour in London – und 27 Prozent der Schwarzen Londoner Bevölkerung – fahren mindestens einmal pro Woche mit dem Auto – im Vergleich zu 41 Prozent der *weißen* Londoner.[3]

Und dennoch sind es die ärmsten Bewohner der Hauptstadt – häufig Personen of Colour –, die unter den Folgen unserer verunreinigten Luft am meisten leiden. Im Durchschnitt ist die Stickstoffdioxidbelastung in den Gebieten, wo tendenziell die sozial benachteiligtsten Londoner leben, um 13 Prozent höher als in den Bereichen, wo die am wenigsten benachteiligten Hauptstädter wohnen.[4] Als ich noch als Anwalt tätig war, haben mein Team und ich häufig Fälle übernommen, bei denen es um indirekte Diskriminierung ging – wo eine politische Maßnahme oder Regel nominell alle in derselben Weise betrifft, jedoch für manche Menschen schlimmere Auswirkungen hat als für andere. Genau dasselbe gilt für die Luft in London. Wenn man in einem sozial benachteiligteren Gebiet lebt, ist die Wahrscheinlichkeit, dass man die negativen Folgen der Luftverschmutzung zu spüren bekommt, wesentlich höher.

Durch die Pandemie wurden unzählige solcher Ungleichheiten aufgedeckt. Die Ärmeren und die ethnischen Minderheiten wurden nicht nur am schwersten getroffen, was die Sterberate anging, Corona offenbarte auch andere Ungleichheiten, die Teil der Lebenswelt waren. Ich kann mich noch gut erinnern, dass mir während des ersten Lockdowns im März 2020 klar wurde, wie wichtig Grünflächen sind. Obwohl mir in dieser Phase ein wenig die Decke auf den Kopf fiel, hatte ich doch immerhin einen Garten. Jeder fünfte Haushalt in London hatte während der Covid-19-Lockdowns keinerlei Zugang zu privaten oder gemeinschaftlichen Gartenanlagen. Bei Personen of Colour war die Wahrscheinlichkeit fast vier Mal geringer, dass sie Zugang zu einem Außenbereich hatten – sei es ein Garten, eine Terrasse oder ein Balkon.[5]

Daher waren der Londoner Bevölkerung Mitte des Jahres 2021, als die schlimmste Phase der Pandemie überstanden war, die ungleichen Folgen des Coronavirus nur allzu bewusst. Und verständlicherweise machten sich viele von ihnen Sorgen darüber, dass diese Ungleichheiten im Zuge des Covid-Erholungsprozesses nur noch verstärkt würden – dass die Wohlhabenden davon profitierten, während die Ärmsten abgehängt würden.

Es ließ sich in Echtzeit beobachten, wie sich diese Bedenken entwickelten, vor allem in den Monaten nach meiner Wiederwahl im Mai 2021. Als wir unsere Klimaziele höhersteckten, von der Ultra-Niedrigemissionszone bis zur Elektrifizierung der Busflotte, wurde uns zunehmend eine Sorge bewusst, die selbst von unseren Unterstützern vorgebracht wurde: die Kosten. Im Laufe des Sommers wurde die Nachrichtenlage mehr und mehr von der Frage nach der Finanzierung einer grünen Politik dominiert. Im Juli verkündete die Haushaltsaufsichtsbehörde – das *Office for Budget Responsibility* –, dass sich die Kosten für das Erreichen einer CO_2-Neutralität bis zum Jahr 2050 – das Haupt-Klimaziel der Regierung – auf 1,4 Billionen Pfund beliefen, von denen 350 Milliarden Pfund vom Staat bezahlt würden (und damit praktisch von uns allen).[6] Im Januar 2022 sollte die Unternehmensberatung McKinsey die weltweiten Kosten auf 275 Billionen US-Dollar veranschlagen.[7] Plötzlich wurden die Nachrichten von Schlagzeilen des Entsetzens darüber überflutet, was die CO_2-Neutralität jeden Einzelnen kosten würde. In jenem Herbst überschrieb der *Telegraph* einen Artikel mit »Der ehrliche Umwelt-Leitfaden« und stellte darin besorgniserregende Behauptungen darüber auf, wie im Vereinigten Königreich jedermann für die umweltfreundliche Politik zur Kasse gebeten würde.[8]

Artikel wie dieser waren manchmal etwas ärgerlich, da sie für diejenigen Politiker und Journalisten, die seit Jahren damit beschäftigt waren zu leugnen, dass der Klimawandel überhaupt ein Problem darstellt, eine nützliche Stütze waren. Sie hatten erkannt, dass dieser Ansatz in einer Zeit, in der weltweite Hitzerekorde mit einer nie dagewesenen Geschwindigkeit gebrochen wurden, nicht mehr funktionierte. Also hatten sie ihre Taktik geändert: Natürlich machten sie sich Sorgen um den Klimawandel *an sich* – sie hatten lediglich Bedenken hinsichtlich der Kosten, die durch das Ergreifen umfangreicher Gegenmaßnahmen entstehen würden.

Aber zugegebenermaßen hatte die britische Bevölkerung jedes Recht, wegen der Kosten des ökologischen Wandels besorgt zu sein. Bei schlechter Umsetzung führen Umweltschutzmaßnahmen bekanntermaßen dazu, bereits bestehende Ungleichheiten zu zementieren. Einer Studie des *UK Energy Research Centre** zufolge werden die ärmsten Haushalte von den Klimaschutzabgaben der Regierung in Bezug auf die Haushaltskosten nicht nur am härtesten getroffen – sie bekommen auch weniger Geld zurück (in Form von Nachrüstungen für ihr Zuhause), als sie beitragen.[9] Die unabhängige britische Denkfabrik *Resolution Foundation*** hat ermittelt, dass die Wahrscheinlichkeit, in nicht energieeffizienten Haushalten zu leben, bei den Ärmeren am höchsten ist, was wiederum bedeutet, dass sie für eine Reduzierung des CO_2-Abdrucks ihres Zuhauses eine vergleichsweise größere Summe aufbringen müssen als wohlhabendere Briten.[10] Das alles wurde von der Öffentlichkeit zur Kenntnis genommen. Am Ende des Sommers 2021 sah sich der damalige konservative Schatzkanzler Rishi Sunak dazu gezwungen, seine Klimapolitik gegen Vorwürfe zu verteidigen, dass sie die Ärmsten auf unfaire Weise belasten würde.

Als diese Bedenken sich immer weiter ausbreiteten, war meinem Team und mir klar, dass wir uns über einiges Gedanken machen mussten. Wir hatten uns einer umweltfreundlichen Erholung von Corona verschrieben. Aber wenn wir nicht aufpassten, so war uns bewusst, könnte es darauf hinauslaufen, dass die Ärmsten die Zeche zahlen mussten, genau wie Mi-

* Das *UK Energy Research Centre (UKERC)* ist ein unabhängiges interdisziplinäres Forschungszentrum für erneuerbare Energien mit Fokus auf den Übergang zu einer CO_2-neutralen Wirtschaft und Gesellschaft (Anm. d. Ü.).

** Die unabhängige Denkfabrik *Resolution Foundation* wurde 2005 mit dem erklärten Ziel gegründet, den Lebensstandard von Familien mit niedrigem und mittlerem Einkommen zu verbessern (Vgl.: https://www.resolutionfoundation.org, Anm. d. Ü.).

chael es befürchtet hatte. Wir begriffen, dass es sich eben nicht alle leisten konnten, ihre Dieselfahrzeuge einfach abzuschaffen – für Tausende Londoner mit Behinderung, Familien mit niedrigem Einkommen und Kleinunternehmen waren sie eine lebenswichtige Stütze.

Um zu verhindern, dass unsere Klimapolitik die Ungleichheiten noch weiter verschärfte, die London ohnehin bereits zu schaffen machten, mussten wir einen innovativen Ansatz verfolgen. Dazu würden wir auf die Fähigkeiten von jemandem zurückgreifen müssen, der in der Lage war, sich einen Weg durch politische Probleme hindurch zu bahnen, die niemand sonst zu lösen imstande war. Kurz: Wir brauchten eine visionäre Persönlichkeit.

Glücklicherweise herrscht daran in London kein Mangel.

Eine altehrwürdige Tradition: Ein rechtsgerichtetes Parlamentsmitglied erscheint im Fernsehen und referiert über die angeblichen politischen Erfolge der konservativen Partei. Der Moderator, von dem Aufgebot der Statistiken aus dem Konzept gebracht, die der Gast in das Gespräch einstreut, lässt ihn widerspruchslos weiterreden.

Dann zoomt die Kamera heraus. Eine dritte Person erscheint auf der Bildfläche: die italienisch-amerikanische (und in London lebende) Wirtschaftswissenschaftlerin Mariana Mazzucato. Sie wirkt unbeeindruckt. Innerhalb der folgenden 45 Sekunden wird sie die Argumente, die von unserem rechtskonservativen Parlamentsmitglied vorgebracht wurden, auseinandernehmen, höflich, doch mit unfehlbarer Härte. Anschließend steht es 1:0 für Mazzucato.

Nicht ohne Grund hat die *Times* Mazzucato als »furchteinflößendste Wirtschaftswissenschaftlerin der Welt«[11] bezeichnet. An ihrer Basis am *Institute for Innovation and Public Purpose* (»Institut für Innovation und öffentliche Zwecke«) des Londoner University College hat Mazzucato das vergangene

Jahrzehnt damit verbracht, viele der am stärksten verankerten Glaubenssätze rechtsgerichteter Wirtschaftswissenschaftler zunichtezumachen. Nein, der Staat behindert Innovationen nicht, er treibt sie an. Nein, der Finanzsektor kann das Wirtschaftswachstum nicht im Alleingang antreiben; dort werden keine Realwerte hervorgebracht.

Nicht nur die *Times* findet Mazzucato einschüchternd. Als ich ihr im März 2021 das erste Mal begegnet bin, befanden wir uns beide anlässlich eines Gipfels zu Londons Wiederaufschwung auf einer virtuellen Bühne. Ich hatte mich aus dem Rathaus dazugeschaltet und daher eine relativ schlichte virtuelle Bürokulisse. Mariana hingegen war von überfüllten Bücherregalen, Stapeln sehr wichtig aussehender Papiere und einem riesigen, atemberaubenden Kunstwerk umgeben, das einen Blauwal zeigte. Da konnte ich nicht mithalten.

Wir teilten uns die Bühne aus einem einfachen Grund. Es wurde immer deutlicher, dass das Rathaus Mazzucatos Ideen brauchte. Und das nicht nur, weil ihr Denken einige der tückischsten Mythen über die Funktionsweise der Wirtschaft widerlegte, sondern auch, weil sie die Inspiration bot, die wir benötigten, um auf den Ruinen, die Corona hinterlassen hatte, eine bessere Stadt zu errichten.

Im Mai 2020 hatte ich mich 46 Bürgermeistern aus der ganzen Welt angeschlossen, die verschiedene Prinzipien für eine nachhaltige Erholung der Städte von der Pandemie befürworteten. Stadtoberhäupter von Lima bis Sydney waren übereingekommen, sich auf einen gesunden, gerechten und nachhaltigen Wiederaufschwung zu konzentrieren, mit dem gleichermaßen die Klimakrise in Angriff genommen werden sollte. Eine Rückkehr zum *business as usual* würde es nicht geben. Im darauffolgenden Monat hatte ich den Ausschuss für den Wiederaufbau Londons – das *London Recovery Board* – gegründet. Unter der gemeinsamen Führung von mir und dem damaligen Vorsitzenden der Londoner Ratsversammlung, Peter John – dem später Georgia Gould folgen sollte –, bestand die Aufgabe dieses Gremiums darin, die Arbeit zu überwachen, die sich auf die längerfristigen Aspekte des Wiederaufbaus von London konzentrierte, einschließlich der Frage, wie einige der größeren Probleme, die durch Corona offengelegt worden waren, angegangen werden konnten. Der Ausschuss wurde durch eine Taskforce für den Wiederaufbau unterstützt, die mit den örtlichen Behörden, Gesundheits- und Pflegeeinrichtungen, Unternehmensgruppen, Gewerkschaften, dem Freiwilligensektor, der Wissenschaft sowie mit Regierung, Polizei, Feuerwehr, der Londoner Verkehrsgesellschaft und anderen zusammenarbeiten sollte. Es war die größte Zusammenkunft Londoner Institutionen, die es im Rathaus jemals gegeben hatte.

Und hier kam Mazzucato ins Spiel. Die Herangehensweise des Ausschusses war davon geprägt, was Mazzucato einen »Missionsansatz« nannte: dass Regierungen sich auf große Herausforderungen konzentrieren sollten – wichtige, übergeordnete Ziele, die jedermann unterstützen konnte. Mazzucato zufolge sind diese »Missionen« nichts Neues: In der gesamten Menschheitsgeschichte dienten sie als Ansporn für ambitionierte politische Maßnahmen. Als Beispiel führt sie häufig die Apollo-Mission der NASA in den 1960er Jahren an. Das Ziel von Präsident John F. Kennedy war ganz einfach: Bis zum Ende des Jahrzehnts sollte ein Mensch auf dem Mond gelandet sein. Aber das war nicht nur eine Frage der Raumfahrttechnologie. Es ging dabei außerdem um Kleidung, Materialien, Kommunikationsmittel und Astronautennahrung. Von daher beschleunigte diese Mission Innovationen in verschiedenen Bereichen, allesamt vereint durch ein einziges großes Ziel: den »Mondflug«.[12]

Bis September hatte sich der *London Recovery Board* auf neun solcher Missionen geeinigt. Es handelte sich dabei um eine weitreichende Strategie, die Maßnahmen umfasste, die für die Londoner Bevölkerung ein »Sicherheitsnetz« für schlechte

Zeiten vorsahen, einen besseren Zugang zu Lebensmitteln in der gesamten Stadt gewährleisteten sowie die Vorsorge im Bereich der seelischen Gesundheit optimierten. Aber besonders stolz war ich auf das große Finale – Versprechen Nummer neun: »Ein *Green New Deal* mit dem Ziel, durch die Verdopplung des Umfangs grüner Wirtschaftsunternehmungen bis zum Jahr 2030 die klimatische und ökologische Notlage in Angriff zu nehmen und die Luftqualität zu verbessern sowie die Schaffung von Arbeitsplätzen für alle zu beschleunigen«.[13]

Mir gefiel das Bekenntnis zu unserem *Green New Deal*. Der Begriff geht auf das Amerika der 1930er Jahre zurück, wo Präsident Franklin Delano Roosevelt zur Zeit der Großen Depression angesichts von sprunghaft zunehmender Ungleichheit und wirtschaftlicher Stagnation in Maßnahmen investierte, mit denen Arbeitsplätze für die Ärmsten geschaffen wurden. Sein *New Deal* wird häufig als Paradebeispiel für eine gerechte Politik gefeiert, bei der die Kostenlast von denen getragen wurde, die dazu am ehesten in der Lage waren. Auch bei uns lag der Fokus darauf zu gewährleisten, dass die Kosten des grünen Wandels gerecht verteilt wurden. Die Reichsten würden mehr zahlen, und die sozial am meisten benachteiligten Bevölkerungsschichten würden von unserer neuen Welle grüner Arbeitsplätze und öffentlicher Infrastruktur profitieren. Wir würden nicht nur Londons Gebäude klimaneutral umgestalten, unseren öffentlichen Nahverkehr modernisieren und unsere Stadt grüner machen – wir würden all dies umsetzen und dabei gleichzeitig dafür Sorge tragen, dass die Kosten gerecht auf die gesamte Gesellschaft verteilt würden.

Konkret bedeutete dies die Entwicklung einer politischen Strategie unter Berücksichtigung dreier Prioritäten. Zunächst einmal musste der *Green New Deal* demokratisch sein. Wir wollten einen Ansatz, der offen und für alle zugänglich war. Also veröffentlichten wir während des Sommers Einzelheiten unserer Vorhaben auf *Talk London* – einer Internet-Plattform des Rathauses, auf der sich Londoner Bürger zu den großen Themen der Metropole zu Wort melden können. *Talk London* hat allerdings nicht immer reibungslos funktioniert, denn hin und wieder wurde uns etwas Sand ins Getriebe gestreut. So schrieb eine Bürgerin lakonisch, ihre »88-jährige sehbehinderte Mutter weigert sich, ihren Rollstuhl gegen ein Fahrrad einzutauschen«. Ein anderer schlug vor, ich solle meinen Worten Taten folgen lassen und Veganer werden. Aber generell erwies sich diese Plattform als unschätzbar wertvoll. Mein Rathausteam sammelte die auf der Webseite geäußerten Meinungen, die uns dabei halfen, unsere politischen Entscheidungen in die richtige Richtung zu lenken, und das galt insbesondere für den *Green New Deal.* Innerhalb eines einzigen Monats wurde die Seite 68.000 Mal aufgerufen und mehr als sechzig Organisationen hatten sich an den »Community Conversations« (»Gemeindegesprächsrunden«) beteiligt. Das Feedback erwies sich als ungemein hilfreich. Ein Nutzer machte uns den Vorschlag, in »Bibliotheken der Dinge« zu investieren, wo die Menschen Produkte wie Dampfreiniger und Nähmaschinen ausleihen könnten, statt sich selbst neue anzuschaffen. Bald prüften wir, ob sich diese Idee überall in der Hauptstadt umsetzen ließe.

Zweitens musste sich der *Green New Deal* auf Arbeitsplätze konzentrieren. Mitte 2021 erlebten die Volkswirtschaften auf der ganzen Welt einen finsteren Moment – es war der Punkt, an dem wir zu begreifen begannen, welches Ausmaß die wirtschaftliche Krise haben könnte, die mit dem Ende der Pandemie einherging. Plötzlich war in den Nachrichten nur noch von Rezession, explodierender Inflation und Massenarbeitslosigkeit die Rede. In Augenblicken wie diesen ist es verlockend, sich vor der Umsetzung von Klimaschutzmaßnahmen zu drücken – ist es nicht zu teuer, in eine grüne Politik zu investieren, wenn Menschen Gefahr laufen, ihre Arbeitsplätze zu verlieren? Unsere Daten bewiesen das Gegenteil. Im November 2020 veröffentlichte mein Team neue Statistiken zum

Zustand von Londons kohlendioxidarmen und umweltfreundlichen Wirtschaftsbereichen. Sie zeigten, dass der Sektor vor der Pandemie mit einem Umsatz von beinahe 48 Milliarden Pfund und etwa 317.000 Beschäftigten in fast 14.000 Unternehmen einen regelrechten Boom erlebt hatte.[14] Zu unserem Erstaunen stellten wir fest, dass Londons grüne Wirtschaft für die Stadt wertvoller war als die Bauwirtschaft und die verarbeitende Industrie zusammen. Die Umwelt in den Mittelpunkt unseres Wiederaufbaus zu stellen, erschien uns plötzlich als Chance, Tausende von Arbeitsplätzen neu zu schaffen, statt sie zu vernichten.

Arbeitsplätze standen also im Zentrum des *Green New Deal*: sie zu schaffen, zu erhalten und Londoner bei der Wiederaufnahme einer Arbeit zu unterstützen. Ich wusste, dass unser überarbeitetes stadtweites Planungsdokument – der *London Plan* – aufgrund der darin enthaltenen Auflage, dass auch alle großen Bauprojekte klimaneutral sein mussten, für die Entstehung von Hunderten neuer Arbeitsplätze sorgen würde. Doch bald ertappte ich mich dabei, wie ich fieberhaft nach allen möglichen Umweltjobs googelte, in denen sich die Londoner demnächst wiederfinden könnten. Wann genau war meine Heimatstadt zum Sitz so vieler »ökologischer Bestattungsunternehmen« geworden? Andererseits schien in ganz London nur eine einzige Person als »ethische Teeverkosterin« tätig zu sein; könnte eine clevere Investition zu weiteren führen? Und was in aller Welt machte eigentlich ein »Bioreaktor-Operator« bei einem Unternehmen für Synthetikfleisch, und konnte das tatsächlich so gruselig sein, wie es sich anhörte?

Erst als ich in der West Acton Primary School in Ealing zu Gast war, bekam ich eine etwas weniger vom exzessiven Internetsurfen geprägte Vorstellung davon, wie grüne Arbeitsplätze aussehen konnten. Rikki und das Team von *Joju Solar* waren Experten im Bereich Solarenergie, und die West Acton war eine von 200 Schulen, die Solarpaneele und andere grüne Technologien zur Energiegewinnung installierten, die sie mit sauberem Strom versorgen und jährlich schätzungsweise 15 Tonnen Kohlendioxid einsparen würden – was etwa zehn Hin- und Rückflügen zwischen London und San Francisco entspricht. Die Idee ging auf ein Mitglied des Lehrerkollegiums zurück, das nach dem Einbau von Solarpaneelen im eigenen Haushalt gesehen hatte, wie viel Stromkosten sich dadurch einsparen ließen, und nun die Schule dabei unterstützen wollte, dasselbe zu tun. Wie ich dem versammelten Lehrpersonal verkündete, würden im Rahmen unseres *Green-New-Deal*-Fonds zehn Millionen Pfund in solche Projekte investiert, und in seiner ersten Phase würden in den grünen Industriezweigen circa 1.000 Arbeitsplätze für die Londoner Bevölkerung gesichert werden. Alles lief bestens, bis mir klar wurde, dass einer der Programmpunkte meines Besuchs darin bestand, eine sehr hohe Leiter zum Schuldach zu erklimmen. Wie sich herausstellte, ist das Einzige, was noch schlimmer ist als Höhenangst, ein Anfall von Höhenangst, der dich dem Gespött von mehreren Dutzend Achtjährigen aussetzt.

Und drittens musste sich das Augenmerk des *Green New Deal* auf die Ungleichheit richten. Keine dieser Maßnahmen hätte es verdient, unter dem Deckmantel eines *New Deal* zu fungieren, wenn sie nicht die Ungerechtigkeit in Angriff nehmen würde, die London so zu schaffen macht. Daher richteten wir bei unserem Wiederaufbauprogramm nach Corona ein besonderes Augenmerk auf die »Verteilungswirkungen« unserer politischen Maßnahmen – das heißt, wir achteten darauf, dass deren Kosten die Ärmsten nicht unverhältnismäßig trafen, deren Nutzen hingegen schon.

Was bedeutete das in der Praxis? Die Cookbook Edible Library, die ich im Juli 2021 besuchte, lieferte darauf eine gute Antwort. Die Wohltätigkeitsorganisation *Edible London* hatte bei der Unterstützung der einkommensschwächsten Londoner eine Lücke ausgemacht: Während das Programm für ein kostenloses Schulessen für die Kinder den ärmsten Familien während der Unterrichtszeit einen Rettungsanker bot, fehlte ein gleichwertiges Angebot in der schulfreien Zeit. Gab es eine Möglichkeit, diese Familien auch während der Ferien mit Essen zu versorgen? Ja, glaubte *Edible*. Die Wohltätigkeitsorganisation ist darauf spezialisiert, Obst und Gemüse anzubauen und an bedürftige Familien zu verteilen. Direkt hinter einer Bibliothek in einem unscheinbaren Gebäude in Tottenham hatte sie ihren eigenen urbanen Nutzgarten geschaffen, wo Unmengen von Zucchini, Kopfsalat und Tomaten angebaut wurden – personell ausgestattet mit Freiwilligen aus der Gegend, die in einer quirligen Gemeinschaftsküche nebenan das Essen zubereiteten. Der Garten erhielt finanzielle Unterstützung vom *Grow Back Greener Fund*, der Zuschüsse zwischen 5.000 und 50.000 Pfund für Projekte zur Verfügung stellte, die dem Ausbau und der Schaffung von Grünanlagen, der Begrünung der bebauten Umwelt sowie der Anpassung Londons an den Klimawandel dienten. Bis zum Jahresende hatte die Initiative beinahe 700.000 Pfund an 34 Gemeinschaftsprojekte vergeben, deren Ziel es war, in ganz London Grünanlagen anzulegen oder auszubauen.

Mit all diesen Maßnahmen versuchten wir, die Kosten einer grünen Politik gerecht zu verteilen. Doch selbst als wir sie umsetzten, war uns bewusst, dass sie nichts waren im Vergleich zu unserem größten und riskantesten politischen Projekt – ebenjenes, dessentwegen mich Michael bei dem Grillabend nur wenige Monate zuvor angegangen war. Es war an der Zeit, die Ultra-Niedrigemissionszone zu erweitern.

An einem bitterkalten Morgen Ende Oktober machte ich mich auf den Weg zum Queen-Elizabeth-Olympiapark im Osten Londons. Das ist ein außergewöhnlicher Teil der Stadt, wo man nur wenige Meter von den hoch aufragenden Stahlkonstruktionen des Olympiastadions und Anish Kapoors *Arcelor-*

Mittal Orbit entfernt auf Sumpfgebiete und Wiesen trifft. An dieser Stelle waren neun Jahre zuvor Hauptstädter aller sozialen Schichten und Hintergründe zusammengekommen, um bei der Eröffnungsfeier der Olympischen Spiele in London im Jahr 2012 all das zu feiern, was Großbritannien *groß* machte. Es fühlte sich richtig an, dass dies der Ort für einen weiteren bedeutsamen Augenblick in der Geschichte der Hauptstadt sein würde: die Ausweitung der *ULEZ* auf das gesamte von der North und South Circular Road umschlossene Gebiet.

Doch als ich dem Olympiapark näher kam, war mir ziemlich bange zumute. Hier ging es um das umweltpolitische Aushängeschild unseres Wahlprogramms von 2021. Aber in meinem Kopf wurde das Gespräch, das ich damals im Sommer mit Michael geführt hatte, in Dauerschleife abgespielt, und ich konnte einfach nicht auf die Stopp-Taste drücken. Dies war ein wichtiger Umbruch, der allerdings potenziell auch teuer sein würde. Wenn wir unsere Hausaufgaben nicht richtig gemacht hatten, würden die Kosten für die Verbesserung der Luftqualität in London auf den Schultern der am meisten benachteiligten Bevölkerungsschichten der Stadt lasten. Während sich die Presse für den offiziellen Startschuss zu versammeln begann, wurde ich angesichts dessen, was wir vorhatten, zunehmend nervöser.

Dass dies die vielleicht größte logistische Operation meiner bisherigen Amtszeit darstellte, machte die Sache nicht besser. Seit meiner Wiederwahl im Mai hatte ich um wöchentliche Berichte zum Fortschritt des Projekts gebeten, so wie ich es auch in den Monaten vor der Ersteinführung der *ULEZ* im Jahr 2019 getan hatte. Für das Projekt war unter anderem die Übertragung von fünf Millionen individuellen Nummernschildern aus der staatlichen Kraftfahrzeugzulassungsstelle erforderlich. Als weltweit größtes Vorhaben dieser Art würde die *ULEZ* rund um die Uhr in Betrieb sein, an jedem Tag des Jahres – außer zu Weihnachten. Das machte die tagtägliche

Verarbeitung von Millionen von Bildern und Zehntausenden von Zahlungen notwendig. Als ich mich zum Treffpunkt in der Mitte des Parks begab, merkte ich, dass ich in Panik geriet. Hatten wir einen furchtbaren Fehler gemacht?

Und dann sprach ich mit Rosamund Adoo-Kissi-Debrah.

Zu diesem Zeitpunkt war Rosamunds Tochter Ella bereits seit acht Jahren tot, und es war zehn Monate her, dass die amtliche Untersuchung zu der Schlussfolgerung gelangt war, dass Ellas Asthma durch die Luftverschmutzung in London verschlimmert worden war. Als ich auf Rosamund zuging, die mit ihren Zwillingen Robert und Sophia gekommen war, spürte ich, wie mein Unbehagen bezüglich des Vorhabens langsam verschwand. Neben Rosamund standen einige der Aktivisten, die während unserer Reise zu uns gestoßen waren, darunter die 17-jährige Anjali Raman-Middleton, die mit Ella zur Schule gegangen war und anschließend die *Choked-Up*-Kampagne für eine sauberere Luft mitgegründet hatte. Wir waren dort zwar anlässlich eines offiziellen Termins zusammengekommen, doch es fühlte sich an wie ein Familientreffen. Wie Rosamund es ausdrückte, war dies weniger eine Startschuss-Veranstaltung als vielmehr eine Feierstunde.

Als ich mich mit Rosamund und Anjali unterhielt, begriff ich, dass wir das Richtige taten. Die am meisten benachteiligten Menschen in London – diejenigen, die in der Innenstadt lebten, aus Arbeiterfamilien stammten und mit unverhältnismäßig hoher Wahrscheinlichkeit einer ethnischen Minderheit angehörten – waren gleichzeitig auch diejenigen, die am meisten unter der Luftverschmutzung litten. Menschen genau wie Ella. Egal, welche Schwierigkeiten es bedeutete, und egal, was es kosten würde – die Ausweitung der *ULEZ* war eine gute politische Maßnahme. Wir hatten sie nicht getroffen, weil wir die benachteiligten Bevölkerungsschichten außer Acht ließen. Ganz im Gegenteil: Wir hatten sie um ihretwillen getroffen.

Ich nahm mir einen Augenblick lang die Zeit, darüber

nachzudenken, wie viel Mühe wir investiert hatten, um die Ausweitung der *ULEZ* gerecht zu gestalten. Vom Ansatz des *Green New Deal* inspiriert, hatten wir alles in unserer Macht Stehende getan, um sicherzustellen, dass die Menschen, die es sich normalerweise nicht hätten leisten können, ihre Autos zu verschrotten, jetzt die Mittel hatten, um genau das zu tun. Wir hatten mehr als 60 Millionen Pfund an Fördergeldern zur Verfügung gestellt, um Kleinunternehmen und Wohltätigkeitsorganisationen, die Kleinbusse nutzten, sowie einkommensschwachen Londonern und Menschen mit Behinderungen die Möglichkeit zu geben, ihre älteren, umweltschädlicheren Fahrzeuge abzuschaffen. Das Abwrackprogramm führte letztlich dazu, dass 15.500 der umweltschädlichsten Fahrzeuge von Londons Straßen verschwanden. Und es funktionierte. Neue Daten, veröffentlicht im Oktober 2021, hatten gezeigt, dass Autofahrer in London ihre Dieselfahrzeuge sechsmal schneller abstießen als im Rest des Vereinigten Königreichs.[15]

Trotz des Sonnenscheins war es bitterkalt und ich hatte noch einige Stunden Medieninterviews vor mir. Es würde anstrengend werden. Aber Rosamund half mir bei jeder Gelegenheit dabei, mir zu vergegenwärtigen, warum unsere Politik so wichtig war und dass wir sogar noch mehr tun konnten. »Dies ist erst der Anfang«, hörte ich sie der versammelten Presse verkünden. »Das muss auf ganz London ausgeweitet werden.« Am Ende dieses Tages fühlte ich mich gleichermaßen müde wie angespornt. Jetzt galt es abzuwarten, wie London reagieren würde.

Als ich mich auf den Weg zurück ins Rathaus machte, ertappte ich mich dabei, wie ich mich durch Twitter scrollte, um zu sehen, wie der Tag in den sozialen Medien aufgenommen worden war. Dabei stieß ich auf den Hashtag *#WeLoveULEZ*, unter dem Eltern aus ganz London Fotos ihrer Kinder posteten, wie diese ihren Schulweg zu Fuß, mit dem Fahrrad oder mit dem Roller zurücklegten. In Herne Hill in South London hatte eine Gruppe von Eltern mit ihren Kindern einen Baum mit Pompons, Teddybären und Botschaften auf bunten Zetteln geschmückt, um das neue Zeitalter der sauberen Luft zu feiern.

Es fühlte sich an, als würde unsere Rechnung aufgehen. Ja, Klimaschutzpolitik ist potenziell kostspielig. Aber wenn man es richtig anstellt, kann sie dafür sorgen, dass alle davon profitieren – insbesondere die Ärmsten. Klimaschutzmaßnahmen sorgten bereits jetzt dafür, dass sich das Leben der Menschen in den am meisten sozial benachteiligten und verschmutzten Gegenden verbesserte und außerdem in der gesamten Hauptstadt Arbeitsplätze entstanden. Ich glaubte daran, Rosamund glaubte daran, die Eltern aus Herne Hill glaubten daran.

Letzten Endes würde auch der Elektriker Michael daran glauben. Das nächste Mal kreuzten sich unsere Wege, als ich meinem Bruder gerade einen Besuch abstatten wollte. Dieses Mal schien Michael viel zufriedener zu sein. Dank einer Förderung aus unserem Abwrackfonds und eines Kleinunternehmerkredits hatte er sich dafür entschieden, in ein Elektrofahrzeug zu investieren. Ich hatte das Gefühl, dass er dieses Mal nichts dagegen gehabt hätte, dass ich meinen (Halal-) Burger aufaß – wenn ich denn gerade einen gegessen hätte. Darüber hinaus schien Michael sich überraschenderweise zu einem Kämpfer für den Klimaschutz gewandelt zu haben: Inzwischen war er nicht nur ein überzeugter Verfechter des Elektroautos, sondern hatte auch einige seiner Lebensgewohnheiten weitreichend geändert, indem er nun häufiger zu Fuß oder mit dem Fahrrad unterwegs war und seine Familie dazu ermunterte, es ihm gleichzutun.

Es war auch höchste Zeit. Unsere Ambitionen, London grüner zu machen, sollten sich sogar noch mehr intensivieren. Denn in jenem Herbst würde die wichtigste Klimakonferenz der Geschichte in Großbritannien stattfinden.

Hindernis 7

Stillstand

Ich war erst wenige Sekunden auf der Bühne, als der Schmerz einsetzte.

Es war der 10. November 2021, und ich hielt in Glasgow vor einigen der wichtigsten britischen Lokalpolitiker eine Rede. Die Veranstaltung war von *UK100* organisiert worden, einem Netzwerk kommunaler Führungskräfte, das an der Entwicklung und Umsetzung von Plänen für den Übergang zu einer sauberen Energieversorgung arbeitete. Es war ein freundlich gesinntes Publikum, darunter einige britische Bürgermeister, die ich gut kannte, wie Tracy Brabin, Bürgermeisterin von West Yorkshire; Andy Burnham, Bürgermeister von Manchester, sowie Steve Rotheram, Bürgermeister von Liverpool. Nur wenige Minuten zuvor hatten Ali Picton und ich in der Menge gestanden und darüber diskutiert, ob ich einen etwas bedenklichen Witz über *Irn-Bru*, de facto *das* alkoholfreie Nationalgetränk der Schotten, in meine Rede einbauen sollte oder nicht. Wie die meisten von Alis Witzen war dieser zwar komisch, aber vollkommen unpassend.

Diese Veranstaltung sollte mir eigentlich nur als eine Art Warm-up dienen, denn tags darauf sollte ich im Rahmen der bedeutendsten Klimakonferenz seit mindestens fünf Jahren vor einigen der mächtigsten Politiker der Welt eine der wichtigsten Reden meiner Amtszeit halten. Daher war ich ganz entspannt, als ich die Bühne betrat. Schließlich war das nichts im Vergleich zu dem, was mir am Nachmittag des nächsten Tages bevorstand.

Das galt zumindest, bis ich zu sprechen begann. Wie aus heiterem Himmel verspürte ich plötzlich ein Engegefühl in meiner Brust – als würde sich etwas in mir zusammenziehen. Ich fing an zu reden, aber alles fühlte sich merkwürdig an. Es war surreal: Wie üblich hatte ich meine Rede abtippen lassen, und ich musste sie einfach nur ablesen – doch aus irgendeinem Grund hatte ich Schwierigkeiten, die Worte herauszubringen. Ich war mir nicht einmal sicher, ob ich es bis zum Ende der ersten Seite schaffen würde.

Nach zwei Minuten, die sich anfühlten wie zwei Stunden, hielt ich inne und bat um etwas Wasser. Ali erzählte mir später, sie hatte angenommen, ich hätte nach dem Wasser gefragt, um es als Requisite zu benutzen, wenn ich den *Irn-Bru*-Witz zum Besten gab. Ich wünschte, das wäre der Fall gewesen; tatsächlich jedoch hatte ich Schwierigkeiten, mich auf den Beinen zu halten. Als ich ein paar Schluck davon trank, ging es mir sogar noch schlechter. Ich berührte meine Stirn und stellte fest, dass sie klitschnass war. Da ich mich schwach fühlte, bat ich um noch mehr Wasser, und als Ali es mir reichte, machte sie mir Zeichen und sah sehr besorgt aus. Ich verstand nicht, was sie mir sagen wollte. Erst im Nachhinein fand ich heraus, dass sie mir mitteilen wollte, dass ich die Bühne verlassen solle.

Daran, was als Nächstes passierte, kann ich mich nicht wirklich erinnern. Als ich versuchte, vom Rednerpult zurückzutreten, sah ich alles verschwommen. Steve Rotheram und Greg Clark, ein Kollege aus dem *TfL*-Vorstand, begriffen, was da vor sich ging, stürmten nach vorn und nahmen mich jeweils an einem Arm, um mir die Stufen herunterzuhelfen. Als ich in den Flur hinausgetragen wurde, geriet ich in Panik. In weniger als 24 Stunden stand der wichtigste Auftritt meiner gesamten bisherigen Laufbahn an. Und hier war ich nun, unfähig, eine dreiseitige Rede vor einem wohlwollenden Publikum zu

Ende zu bringen. Es war die UN-Klimakonferenz COP26 in Glasgow, und ich hatte offenbar gerade einen Herzinfarkt.

Der Weg, der mich zu der Rede in Glasgow führen sollte, hatte mit einem Anruf von Yvonne Aki-Sawyerr, der Bürgermeisterin von Freetown in Sierra Leone, begonnen.

Im Sommer 2021 hatte Eric Garcetti seinen Rücktritt als Bürgermeister von Los Angeles angekündigt. Das war gleichermaßen eine gute wie eine schlechte Nachricht. Das Gute daran war, dass Erics Rückzug der historischen Wahl von Joe Biden im Jahr zuvor geschuldet war. Er war einer der ersten Unterstützer einer Nominierung von Biden als Präsidentschaftskandidat der Demokraten gewesen und wurde daraufhin mit einem hochkarätigen Amt angemessen entlohnt: Er wurde US-Botschafter in Indien. Die schlechte Nachricht war: Eric würde als Vorsitzender von *C40 Cities* abtreten müssen.

Seit ich 2016 zum Bürgermeister gewählt wurde, sind die *C40* eine treibende Kraft für meine Politik gewesen. Als weltweites Netzwerk von fast einhundert Bürgermeistern, die es sich zur Aufgabe gemacht haben, dringend notwendige Maßnahmen zu ergreifen, um sich der Klimakrise entgegenzustellen, vertreten die *C40* über 700 Millionen Bürger und ein Viertel der Weltwirtschaft. Die Organisation war für viele meiner wichtigsten Klimaprojekte ein nützlicher Resonanzboden gewesen. Als ich 2018 für London den Klimanotstand ausrief, hatte ich mich zwecks einer unabhängigen Überprüfung meines Klimaaktionsplans an die *C40* gewandt. Als wir 2020 beschlossen hatten, Londons Infrastruktur für Fußgänger und Radfahrer auf ein nie dagewesenes Maß auszubauen, hatten wir die *C40* gebeten, uns dafür Erkenntnisse aus der ganzen Welt beizusteuern. Und als wir 2021 damit begannen, in London unsere Strategie für einen grünen Wiederaufbau nach der Pandemie umzusetzen, hatten wir uns dabei auf die Prinzipien der *C40* gestützt.

Vor allem jedoch hatten uns die *C40* einen sicheren Rahmen geboten, um die Widrigkeiten zu erörtern, denen man bei der Umsetzung klimapolitischer Maßnahmen auf kommunaler Ebene begegnet. Meine Rathauskollegen machten häufig Witze darüber, dass sich meine Besprechungen mit anderen *C40*-Amtskollegen für mich wie Therapiesitzungen anfühlten. So erinnere ich mich an ein halbstündiges Treffen mit Claudia López, der Bürgermeisterin von Bogotá, bei dem wir feststellten, dass unsere beiden Städte trotz ihrer vollkommen anderen Hintergründe und ihrer Lage auf unterschiedlichen Kontinenten seltsamerweise sehr ähnliche klimapolitische Ansätze verfolgten (beide versuchten wir, uns gegen die Opposition einer rechtsgerichteten Nationalregierung zu behaupten; beide mussten wir gegen lautstarke Minderheiten ankämpfen, die sich unseren postpandemischen Radfahrprojekten entgegenstellten). Die ganze Zeit über hatte Eric das Heft in der Hand gehabt. Ohne ihn, so befürchtete ich, würden die *C40* sehr schnell an Wirkungskraft verlieren.

Die Nachricht von Erics Rücktritt wurde mir von meiner stellvertretenden Bürgermeisterin Shirley Rodrigues an einem Freitagabend überbracht. Sehr schnell wandte sich unser Gespräch der Frage zu, wer ihn als Vorsitzenden ablösen würde. Mindestens zwei Bürgermeister waren bereits im Rennen. Doch Shirley hatte eine dritte Option im Sinn: mich.

Ich muss gestehen, dass mir diese Idee sofort gefiel. Mein Team und ich befanden uns in einer guten Ausgangsposition. Schließlich hatte London 2005 mitgeholfen, das Netzwerk zu gründen, und seit meiner Wahl im Jahr 2016 hatte ich als stellvertretender Vorsitzender dazu beigetragen, die Gruppe der C40 dazu zu bewegen, sich neuen Zielsetzungen zu verschreiben, um Städte grüner zu gestalten. Am darauffolgenden Montag (ein Tag, an den ich mich lebhaft erinnere, weil England am Abend zuvor das Europameisterschaftsfinale in Wembley im Elfmeterschießen verloren hatte) merkte ich, wie mich die Aussicht auf diesen Posten immer mehr begeisterte. An diesem Punkt setzte ich mich mit Yvonne Aki-Sawyerr in Verbindung, um sie um Rat zu fragen.

Yvonne und ich kannten uns seit ihrer Wahl 2018. Oberflächlich betrachtet, hatten unsere Städte nur sehr wenige Gemeinsamkeiten – London, die Hauptstadt eines der reichsten Länder der Welt; Freetown, die Hauptstadt von Sierra Leone, einem der ärmsten Staaten Westafrikas. Dennoch hatte sich ihr Rat für mich immer als unschätzbar wertvoll erwiesen: Sie war eine ehrliche Haut und nahm kein Blatt vor den Mund. Statt sie via *Teams* oder *Zoom* zu kontaktieren, war ich gebeten worden, sie auf ihrem Mobiltelefon anzurufen. Sie erzählte mir, dass sie gerade auf dem Weg zum Flughafen sei, da sie aufgrund ziviler Unruhen gezwungen sei, die Stadt zu verlassen. Da ich annahm, dass dies ein schlechter Zeitpunkt für unser Gespräch war, schlug ich vor, den Termin zu verschieben, doch sie war auf eine Weise, die ich später noch sehr gut kennenlernen sollte, ausgesprochen unbeeindruckt von der Situation. Also führten wir, während ich in meinem Büro saß und Yvonne auf holprigen Straßen in ihrer Stadt unterwegs war, die gerade in zivilen Unruhen versank, ein ausführliches Gespräch über die nüchternsten Komponenten bürgermeisterlicher Politik: wo die *C40* funktionierten und wo nicht und wie ich die Dinge anders handhaben könnte. Yvonne setzte mich zwar wegen des von mir vorgeschlagenen Wahlprogramms unter Druck, aber ihr Rat war eindeutig: Mach es!

Meine Unterhaltung mit Yvonne half mir dabei zu erkennen, warum ich so sehr daran interessiert war, diese neue Rolle zu übernehmen. Es hatte mit einem der großen Probleme zu tun, mit denen ich mich als Bürgermeister von London konfrontiert sah, insbesondere, wenn es um die Klimapolitik ging: Zusammenarbeit. Oder besser gesagt: die fehlende Zusammenarbeit.

Sinnvolle Klimamaßnahmen erfordern ein ungewöhnliches Maß gemeinsamen globalen Handelns. Auf nationaler Ebene liegt es im Interesse eines jeden Staates, so viele fossile Brennstoffe so lange wie nur möglich zu verbrennen – schließlich haben die Emissionen eines kleinen Landes wie beispielsweise Belgien nur geringfügige Auswirkungen auf die Erderwärmung. Das Problem ist jedoch, dass dies auf globaler Ebene zur Katastrophe führt. Wenn alle Nationen gleichzeitig nur in ihrem eigenen Interesse handeln, zieht die Welt als Ganzes den Kürzeren – die globalen Temperaturen schießen weit jenseits eines sicheren Niveaus in die Höhe; was folgt, ist der Klimakollaps. Wie es der einflussreiche amerikanische Ökologe Garrett Hardin bekanntlich treffend formulierte, leidet die Umwelt unter einer weltweiten »Tragik der Allmende«[1].

Gemeinsame, globalpolitische Initiativen stellen die einzige Möglichkeit dar, diese Tragik zu überwinden: so wie der Beschluss 2015 in Paris, als sich die größten Wirtschaftsnationen der Welt dazu verpflichteten, einen Anstieg der globalen Durchschnittstemperatur um mehr als 1,5 °C im Vergleich zum vorindustriellen Zeitalter zu verhindern. Aber derlei Selbstverpflichtungen haben nicht immer funktioniert. Um es mit den Worten der Wissenschaftler Thomas Hale, David Held und Kevin Young zu sagen, neigt das internationale System zum »Stillstand«. Einst wirkmächtige Institutionen erweisen sich nun als unfähig, sich mit den großen Problemen auseinanderzusetzen, denen sich die Welt gegenübersieht.[2]

Nehmen wir zum Beispiel das Pariser Abkommen. In den Jahren seit seiner Unterzeichnung hat es einige herbe Niederschläge einstecken müssen. Zuerst sorgte Donald Trump dafür, dass sich die USA aus der Pariser Klimavereinbarung zurückzogen – »Ich wurde gewählt, um die Interessen der Einwohner von Pittsburgh zu vertreten und nicht von Paris«[3], wie er es formulierte. Doch diese Situation war nicht von Dauer; nur wenige Stunden nach seinem Amtsantritt als Präsident trat Joe Biden dem Pariser Abkommen im Januar 2021 wieder bei. Allerdings hatte Trumps Schachzug einiges zu dem größeren zweiten Problem beigetragen: dass die Nationen einfach nicht genug dafür taten, ihre Verpflichtungen zu erfüllen. Ein im Februar 2021 veröffentlichter UN-Bericht war vernichtend gewesen. Von UN-Generalsekretär António Guterres als »Alarmstufe Rot für unseren Planeten« bezeichnet, zeigte der Bericht auf, dass die Regierungen »nicht ansatzweise den Ehrgeiz zeigten, der für eine Begrenzung des Klimawandels auf 1,5 °C und eine Erfüllung der Zielsetzungen des Pariser Abkommens notwendig wäre.« Darüber hinaus bezeichnete Guterres 2021 als ein »Jahr der Entscheidung«.[4]

Durch meine Kandidatur für den Vorsitz wollte ich aufzeigen, dass eine internationale Zusammenarbeit möglich war. Das wusste ich, weil ich es bei den *C40* unmittelbar erlebt hatte. Der Organisation war es beispielsweise gelungen, vollkommen unterschiedliche Städte zum Zwecke grüner Investitionen zusammenzubringen. Gemeinsam mit Bill de Blasio, dem Bürgermeister von New York, hatte ich das *C40*-Forum für Desinvestitionen und Investitionen *(Divest/Invest Forum)* ins Leben gerufen, das Städte dazu anhielt, ihre finanziellen Beteiligungen aus fossilen Brennstoff-Unternehmen abzuziehen und sich stattdessen, wenn möglich, für Investitionen in die grüne Wirtschaft einzusetzen – eine Zusage, der sich bis zu dem Zeitpunkt, als die Konferenz von Glasgow stattfand, 18 Städte mit über 50 Millionen Einwohnern und einem Kapitalvermögen in Höhe von 400 Milliarden US-Dollar verpflichtet hatten.[5] Die *C40* hatten auch zu einer Partnerschaft von zwanzig Metropolen auf der ganzen Welt geführt, die der Luftverschmutzung in ihren Stadtzentren den Kampf angesagt hatten.

Doch ich war der Meinung, wir könnten sogar noch einen Schritt weiter gehen, indem wir viele der Lektionen, die wir in London gelernt hatten, auf globaler Ebene anwendeten. Als ich 2015 darüber nachdachte, ob ich als Bürgermeister kandidieren sollte, hatte eine Freundin zu mir gesagt: »Nimm einfach das, was du in Tooting gemacht hast, und übertrage es auf London.« Als ich dieselbe Freundin wegen meiner Kandidatur für den *C40*-Vorsitz um Rat fragte, sagte sie zu mir: »Nimm einfach das, was du in London gemacht hast, und übertrage es auf den Planeten.«

Ich musste lediglich die Wähler für mich gewinnen, und dabei handelte es sich um eine ungewöhnliche Wählerschaft – sie war so klein, dass ich mit jedem einzelnen Mitglied persönlich sprechen konnte. Wahlberechtigt waren die Bürgermeister der größten Städte der Welt, die aus dem gesamten politischen Spektrum kamen und alle möglichen Hintergründe hatten. In den folgenden Wochen sprach ich mit Bürgermeistern rund um den Globus – aufgrund der Zeitverschiebung häufig frühmorgens oder spätnachts. Dabei erfuhr ich so einiges: von Accras Abfallentsorgungsprogramm (das innerhalb von nur zwei Jahren zu einer Reduzierung der Luft- und Wasserverschmutzung um 50 Prozent geführt hatte) bis hin zu Rio de Janeiros innovativer Arbeit, die darauf abzielte, die Beteiligung der Allgemeinheit am Klimaaktionsplan der Stadt zu gewährleisten. Mit einigen dieser Stadtoberhäupter unterhielt ich mich das erste Mal. Mein Gespräch mit der imponierenden Kate Gallego, der Bürgermeisterin von Phoenix, der heißesten Stadt Amerikas, werde ich nie vergessen. Gegen Ende unseres Telefonats kamen wir darauf zu sprechen, wie unsere Bürger auf unsere Klimamaßnahmen reagiert hatten. Ich war völlig fassungslos, als Kate mir erzählte, dass viele von denen, die sie in ihrem Amt vertrat, nicht einmal daran glaubten, dass der Klimawandel existierte.

Gegen Ende des Sommers war ich ganz zuversichtlich. Meine Kandidatur für den Vorsitz war von den Bürgermeistern von Sydney, Barcelona, Durban, Stockholm, Buenos Aires und vielen anderen Städten befürwortet worden. Außerdem konnte ich auf die Unterstützung von aktuellen und früheren Vorsitzenden des Netzwerks zählen, darunter der frühere New

Yorker Bürgermeister Mike Bloomberg, die Bürgermeisterin von Paris, Anne Hidalgo, und der Bürgermeister von Rio, Eduardo Paes. Letzten Endes zogen sich meine Gegenkandidaten zurück: Einen Tag nach Ablauf der Bewerbungsfrist erhielt ich eine kurze E-Mail mit der Bestätigung, dass ich als einziger Bürgermeister noch im Rennen war.

Das freute mich sehr, aber zum Ausruhen blieb mir keine Zeit. Dies war eine der seltenen Gelegenheiten, der Welt zu zeigen, dass eine internationale Zusammenarbeit möglich war, sogar – oder erst recht – auf der Ebene der kommunalen Verwaltung. Glücklicherweise sollte ich innerhalb kürzester Zeit die einmalige Chance bekommen, das unter Beweis zu stellen. Ein globales Forum zum Klimawandel, die UN-Klimakonferenz COP26, würde in Großbritannien stattfinden. Ich würde genau in dem Moment als neuer Vorsitzender der *C40* bestätigt werden, da die Staats- und Regierungschefs aus aller Welt in Glasgow eintrafen.

Der UN-Klimagipfel COP26* hatte den Anspruch, die wichtigste Klimakonferenz der Geschichte zu sein. Im Herbst 2021 deuteten alle Anzeichen darauf hin, dass die Welt direkt in die Klimakatastrophe schlitterte. Länder wurden von Überschwemmungen verwüstet, Waldbrände wüteten und weltweite Temperaturrekorde wurden mit beängstigender Häufigkeit pulverisiert. Alle Teilnehmenden waren der Meinung, dass die Klimakonferenz unsere letzte Chance sein könnte, das Ruder noch herumzureißen.

Die Vorzeichen waren nicht gut. Im Vorfeld der Konferenz war die britische Regierung im Wesentlichen von der Bildfläche verschwunden. Nach der Wahl von Präsident Joe Biden hatte sich Boris Johnson zwar entschiedener zur Notwendigkeit

* Die 26. UN-Klimakonferenz fand vom 31. Oktober bis 12. November 2021 in Glasgow statt (Anm. d. Ü.).

geäußert, den Klimawandel zu bekämpfen, und Parlamentsmitglied Alok Sharma zum Präsidenten der Weltklimakonferenz ernannt. Doch obwohl Sharma unglaublich hart daran gearbeitet hatte, ein internationales Abkommen zustande zu bringen, hatten viele Beobachter und Experten früherer Klimagipfel den Eindruck, dass der Premierminister selbst sich aus dem Staub gemacht hatte. Meine vorherige Klimakonferenz im Jahr 2015 in Paris war vom damaligen französischen Präsidenten François Hollande geradezu hyperaktiv propagiert und organisiert worden. Wohingegen sich der Londoner Parliament Square einhundert Tage vor dem Glasgower Klimagipfel mit Demonstranten füllte, die den Premierminister dazu aufforderten, etwas Führungsstärke an den Tag zu legen.

In gewisser Weise stellte dies für die *C40* eine Chance dar: unter Beweis zu stellen, dass eine internationale Zusammenarbeit möglich war – allerdings vielleicht auch nicht, solange Boris Johnson das Heft in der Hand hielt. Bei einem virtuellen Treffen unseres *C40*-Lenkungsausschusses einige Wochen zuvor hatten wir darüber gesprochen, wer alles nach Glasgow kommen würde. Ich wollte unbedingt, dass alle teilnehmenden Bürgermeister über London anreisten, damit wir etwas Zeit miteinander verbringen konnten und ich ihnen unsere Stadt ein wenig zeigen konnte, bevor sie nach Schottland weiterfuhren. Eric Garcetti hatte spontan angemerkt, wie lustig es wäre, wenn wir alle gemeinsam von London nach Glasgow reisen würden; der geschäftsführende Direktor Mark Watts hatte darüber gewitzelt, dass wir dafür sogar einen eigenen Zug anfordern könnten. Alle hatten gelacht und wir hatten das Thema gewechselt. Allerdings hatte keiner der Beteiligten mein Rathausteam auf dem Zettel gehabt. Drei Wochen später stiegen in London einige der einflussreichsten Stadtoberhäupter der Welt an Bord des elektrischen »Klimazugs«, der unsere COP26-Bürgermeisterdelegation nach Glasgow bringen sollte. Während der Zug durch die Landschaft raste, verschwendeten wir keine Minute. Nach leidenschaftlichen Verhandlungen hatten Felicity Appleby und Sarah Brown jeden Augenblick meiner Zeit zwischen ihren jeweiligen Zuständigkeitsbereichen aufgeteilt: Interessen- bzw. Medienvertreter. Wann immer ich nicht gerade Bürgermeister zu bilateralen Gesprächen empfing, eilte ich durch den Waggon, um einen weiteren Interviewtermin zu absolvieren.

Je näher wir Glasgow kamen, desto mehr wuchs meine Überzeugung, dass die Bürgermeister für die Welt einige Tipps parat hätten, wie man den klimapolitischen Stillstand beenden könnte. Selbst in meinen wahnhaftesten Momenten – in denen es Shirley meisterhaft verstand, mich wieder auf den Boden der Tatsachen zurückzuholen – gab ich mich keinerlei Illusionen hin, dass sich dieses riesige Problem im Alleingang lösen ließe. Aber ausgehend von unseren Erfahrungen in London und im Kreis der *C40* war ich schon der Meinung, dass mein Team und ich einige einzigartige Erkenntnisse zu bieten hatten.

Als wir im Glasgower Rathaus eintrafen – den *Glasgow City Chambers* –, das uns in den nächsten Tagen als Stützpunkt dienen sollte, hatten wir keine Zeit zu verlieren. Als Erstes wagten mein Team und ich uns in die *Green Zone* des Klimagipfels vor. Dort sollten wir einige der Gewinner und Finalisten des *Earthshot*-Preises treffen – eines internationalen Umweltpreises, der vom jetzigen Prinzenpaar von Wales ins Leben gerufen worden war, um Lösungskonzepte zu finden, die im nächsten Jahrzehnt zur Wiederherstellung des Planeten beitragen könnten. Von 2021 bis 2030 würde die Initiative in jedem Jahr gesamtheitliche Lösungsansätze zur Umsetzung der fünf *Earthshot*-Zielsetzungen ausfindig machen und prämieren: den Schutz und die Wiederherstellung der Natur; die Reinigung unserer Luft; die Wiederbelebung unserer Meere; den Aufbau einer abfallfreien Welt sowie die Rettung unseres Klimas. Die Gewinner würden vom *Earthshot Prize Council* gekürt werden, einem internationalen Gremium einflussreicher Persönlichkeiten mit einer Vielfalt unterschiedlicher Hintergründe, darunter Sir David Attenborough, Dr. Ngozi Okonjo-Iweala und Shakira. Alle fünf Preisträger würden jeweils ein Preisgeld in Höhe von einer Million Pfund sowie eine für sie maßgeschneiderte Unterstützung bei der Umsetzung ihrer Lösungen auf der ganzen Welt erhalten.

Die Gewinner des *Earthshot*-Preises waren Anfang Oktober im Rahmen einer glanzvollen Gala verkündet worden. Ed Sheeran, KSI und Yemi Alade sowie Shawn Mendes waren dort aufgetreten; die Band Coldplay hatte einen Showact veranstaltet, für dessen Stromversorgung sechzig Menschen hinter der Bühne in die Pedale traten. Der Liverpool-Stürmer (und mein persönliches Idol) Mo Salah hatte einen der Preise präsentiert. All das hatte die Latte für die Preisübergabe im Rahmen der UN-Klimakonferenz sehr hoch gelegt. Zum Pech der Preisträger fiel das Line-up in diesem Fall möglicherweise etwas weniger glamourös aus: Es bestand aus mir, Mike Bloomberg und Boris Johnson.

Den Finalisten gelang es jedoch, ihre etwaige Enttäuschung angesichts dieses deutlich älteren Aufgebots gut zu verbergen. Und ich für mein Teil kam mit einigen visionären Erfindern ins Gespräch. Doch es war die fünfzehnjährige Finalistin Vinisha Umashankar, die allen die Show stahl. In ihrer Heimatstadt Tiruvannamalai, einer kleinen Tempelstadt im südlichen indischen Bundesstaat Tamil Nadu, hatte sie eine solarbetriebene Alternative zu den Millionen von holzkohlebetriebenen mobilen Bügelständen entwickelt, die die Straßen indischer Städte bevölkern. Vinisha war erstaunlich, außergewöhnlich selbstbewusst und scheinbar vollkommen unbeeindruckt angesichts ihrer bevorstehenden Rede auf der internationalen Bühne der UN-Klimakonferenz. Wie ich erfuhr, lautete eines ihrer beliebtesten Sprichwörter: »Schau nicht auf die Uhr, sondern mach, was sie macht: weitergehen.« Ich beschloss, dieses Motto für mich zu übernehmen.

Ich hatte das Gefühl, dass die *Earthshot*-Veranstaltung auf die erste Möglichkeit hindeutete, das Problem des Klimastillstands zu überwinden. Wenn es um internationale Umweltpolitik geht, gilt die Annahme, dass sich der Fortschritt stufenweise vollzieht: Schließlich sind es nur die schrittweisen Veränderungen, auf die sich alle einigen können. Dieser Ansatz ist nachvollziehbar. Aber auch das über den Tellerrand hinausschauende Moonshot-Denken sollte hier ins Spiel kommen. Beim *Earthshot*-Preis geht es um gewaltige, ambitionierte Ziele, und er fordert Menschen und Institutionen heraus, diese Ziele mithilfe innovativer Ideen zu erreichen – ganz im Sinne von Mariana Mazzucato. Meiner Meinung nach haben die *C40* unter Beweis gestellt, dass dieser Ansatz auch für internationale Institutionen funktionieren könnte. Zum Zeitpunkt unserer Ankunft in Glasgow hatten die *C40* und unsere Partner mehr als 1.000 Städte für unser *Race to Zero* gewonnen – eine weltweite Kampagne für einen kohlenstoffneutralen Wiederaufbau im Einklang mit den Zielen des Pariser Abkommens. Das war unser ganz eigener »Moonshot«. Doch wie könnte ein solcher vom Moonshot-Denken geprägter Ansatz für die nationalen Regierungen aussehen, die das COP26-Klimaabkommen austüftelten? Das fragte ich mich.

Nach der Begegnung mit den *Earthshot*-Preisträgern eilte ich zurück in die *City Chambers*, wo für mich ein weiterer Termin anstand: eine Grundsatzrede bei dem wichtigen COP26-Forum der *C40*. Ich sollte von Eric Garcetti, dem Bürgermeister von Los Angeles, den Staffelstab als *C40*-Vorsitzender übernehmen und meine Vision für die kommenden Wochen und Monate vorstellen. Es war eine große Veranstaltung und ich war nervös. Reden zu halten, ist nicht immer ein Vergnügen. Doch sobald ich das Podium betrat, war mir klar, dass dies eine Rede war, die zu halten mir Spaß machen würde. Ich wusste, was ich sagen wollte. Dies war meine Chance, meinen zweiten Vorschlag für den Kampf gegen den globalen Stillstand zu präsentieren. In meiner Rede würde es nicht nur um den Klimawandel gehen, sondern um Klimagerechtigkeit.

Am Anfang sprach ich von unseren Erfahrungen mit dem *Green New Deal* in London, der darauf abzielte, Arbeitsplätze in kohlenstoffarmen Wirtschaftsbranchen zu schaffen. Ich führte aus, wie wir in jeder Phase hatten sicherstellen wollen, dass die Klimamaßnahmen allen Mitgliedern der Gesellschaft zugutekamen, insbesondere den Ärmsten. Die Frage war: Wie ließe sich dieser faire klimapolitische Ansatz weltweit umsetzen? Meine Antwort bestand darin, den Schwerpunkt der Politik der *C40* auf die Klimagerechtigkeit zu verlagern, ziemlich genau so, wie wir es im Londoner Rathaus getan hatten. Meine erste wesentliche Ankündigung innerhalb der Rede war die Ausweitung des *Global-Green-New-Deal*-Programms der *C40*, das durch zusätzliche Investitionen in Höhe von mehreren Millionen Dollar für eine Verdopplung der Zahl der Städte sorgen würde, die in Zusammenarbeit mit Gewerkschaften, Gemeinschaftsinitiativen und jungen Menschen sicherstellen würden, dass Klimamaßnahmen im Interesse aller wären. Meine zweite Ankündigung war sogar noch wichtiger: die Verpflichtung, dass im Rahmen meines ersten *C40*-Haushalts zwei Drittel unserer gesamten Gelder dem Globalen Süden zur Verfügung gestellt werden sollten.

Die Gespräche im Zuge meiner Kampagne um den *C40*-Vorsitz hatten mir klar vor Augen geführt, dass Städte und Länder des Globalen Südens, die im Laufe der Geschichte zum großen Teil am allerwenigsten zum Klimawandel beigetragen hatten, davon am schwersten betroffen waren, da sie die Hauptleidtragenden des Umweltchaos waren. In den vergangenen fünfzig Jahren waren beinahe siebzig Prozent der Todesfälle, die weltweit durch Naturkatastrophen im Zusammenhang mit dem Klimawandel verursacht wurden, in den am wenigsten entwickelten Ländern zu verzeichnen.[6] Für Menschen in einkommensschwachen Ländern war die Wahrscheinlichkeit einer Vertreibung durch Extremwetterereignisse mindestens viermal höher als für Bewohner reicher Länder, und Schätzungen der UNO zufolge könnten allein in Südasien bis zum Jahr 2030 62 Millionen Menschen durch den Klimawandel unter die äußerste Armutsgrenze gedrängt werden.[7] Als *C40*-Vorsitzender wollte ich mehr dafür tun, Städte in den Entwicklungsländern dabei zu unterstützen, den schlimmsten Folgen des Klimawandels zu begegnen.

Das war mein unverbindlicher Vorschlag zur Überwindung des Klimastillstands. Viel zu oft scheitern internationale Gespräche zur Klimapolitik daran, dass die wohlhabenden Länder es versäumen, die Interessen der ärmeren im Blick zu behalten. Bei der Klimakonferenz von Kopenhagen im Jahr 2009 hatten die reichen Nationen zugesagt, den ärmeren Ländern ab 2020 jährlich 100 Milliarden US-Dollar zur Verfügung zu stellen, um sie bei der Anpassung an den Klimawandel zu unterstützen. Doch dieses Versprechen ist bislang nicht erfüllt worden, wobei die UNO letztlich einräumen musste, dass die Summe von 100 Milliarden Dollar »unerreichbar« sei.[8] Ich war der Auffassung, dass man diesen Stillstand durchbrechen könnte, indem man die Klimagerechtigkeit als eine Frage der sozialen Gerechtigkeit betrachtete. Wenn die Industrieländer eine größere Verantwortung für den Prozess des Übergangs zur Kohlenstoffneutralität übernehmen – und die Entwicklungsländer dabei unterstützen, eine umweltfreundliche Politik zu verfolgen –, dann wird es möglich sein, auf globaler Ebene zusammenzuarbeiten.

Als ich den Konferenzsaal verließ, fühlte ich mich großartig. Londons Lösungsansatz für die Klimaproblematik bekam nun die Aufmerksamkeit der internationalen Öffentlichkeit. Am nächsten Tag – im Anschluss an eine Party mit großem Staraufgebot, auf der es mir nicht gelungen war, bei Schauspieler und *ULEZ*-Fan Leonardo DiCaprio einen Witz zu landen (»Ich hätte mein Rettungsfloß mit dir geteilt, Leo«, hatte ich zu ihm gesagt. Er fand's nicht lustig.) –, stiegen mein Team und ich in Glasgow in den Zug zurück nach London. Was immer jetzt im Hauptkonferenzsaal passieren mochte, wir hatten das Gefühl, dass wir das, was wir mitteilen wollten, auch kommuniziert hatten: dass es dadurch, dass man sich hohe Ziele steckt und sich auf die Klimagerechtigkeit konzentriert, gerade noch möglich sein könnte, die globale Erwärmung gemeinsam zu bekämpfen.

Bis wir, als der Zug durch die englische Landschaft raste, eine letzte Einladung erhielten. Zur Überraschung der Rathausmannschaft und der *C40* war ich gebeten worden, am darauffolgenden Donnerstag im Rahmen des zum allerersten Mal auf der UN-Klimakonferenz stattfindenden Städtetages vor dem Hauptplenum zu sprechen.

Mein Umweltteam und die *C40* waren begeistert. Das hatte es bislang noch nie gegeben: Ich würde der erste Bürgermeister sein, der auf einer solchen Plenarsitzung eine Rede hielt. Dass Städte nicht zu den offiziellen Teilnehmern der UN-Klimakonferenz gehörten, hatte in Bürgermeisterkreisen für eine gewisse Fassungslosigkeit gesorgt; dies nun bot uns die seltene Gelegenheit, der Welt zu zeigen, warum wir in Zukunft miteinbezogen werden sollten. Das war eine riesige Chance.

Also stieg ich am darauffolgenden Mittwoch ein letztes Mal in den Zug nach Glasgow. Auf dem Weg besprachen mein Team und ich den letzten Punkt, den wir kommunizieren wollten. Es hätte nicht mehr auf dem Spiel stehen können. Mittlerweile kursierten bereits Gerüchte, dass die Dinge im Hauptkonferenzsaal gerade aus der Bahn gerieten – es gab die Sorge, dass die UN-Klimakonferenz ohne eine Vereinbarung zu Ende gehen würde. Natürlich würde meine Intervention nicht im Alleingang alles wieder zurück in die Spur bringen. Aber zumindest könnte ich dazu beitragen, die Stimmung auf der Konferenz zu verändern, die Gefahr lief, in einer großen Enttäuschung zu enden. Meine Veranstaltung stand unter der

Überschrift »Racing to a Better World« (»Wettlauf zu einer besseren Welt«) und wir hatten beschlossen, dass sich meine Worte auf eine dritte und letzte Botschaft konzentrieren sollten: den großen Wert dessen, was städtische Verwaltungen zur Überwindung des klimapolitischen Stillstands leisten konnten.

Da wir nun wieder zurück in Glasgow waren, beschloss ich, mich noch bei einer anderen Veranstaltung blicken zu lassen, die in den *City Chambers* stattfand – ausgerichtet von *UK100 Cities*, mit denen ich seit vielen Jahren eng zusammenarbeitete. Als ich den kurzen Weg von meinem Hotel zu den *City Chambers* in der herbstlich-frischen Abendluft zu Fuß zurücklegte, fühlte ich mich entspannt. Während der Anreise hatte ich Zeit gehabt, meine Rede vorzubereiten, und freute mich nun darauf, die anderen Teilnehmer zu treffen. Es würde nicht ansatzweise so nervenaufreibend sein wie das riesige Ereignis, das mir am nächsten Tag bevorstand.

Als die Reden begannen, hörte ich nur mit halbem Ohr zu, nicht zuletzt deshalb, weil Ali ununterbrochen über ihren *Irn-Bru*-Witz sprach. Ehe ich michs versah, wurde ich von Susan Aitken, der Vorsitzenden des Glasgower Stadtrats, auf die Bühne gebeten. Leichtfüßig schritt ich zum Podium, überzeugt von dem, was ich gleich sagen würde. Ich trat ans Rednerpult und schaute auf das Publikum im Saal. Steve Rotheram hatte in seiner Rede einen Witz darüber gemacht, dass er nur das »Vorprogramm« für mich sei – worauf ich direkt mit einer geistreichen Bemerkung kontern wollte. Ich öffnete den Mund, um zu sprechen. Und dann setzte das Engegefühl in meiner Brust ein.

*

Zu dem Zeitpunkt, als Steve und Greg mich von der Bühne getragen hatten, war ich kaum noch bei Bewusstsein. Gemeinsam mit meinem Polizeischutzteam halfen mir die beiden aus dem Saal, wo ich auf einem Stuhl am offenen Fenster zusammenbrach; ich brauchte dringend frische Luft. Mein Hemd war inzwischen schweißdurchtränkt und ich hatte das Gefühl, in Flammen zu stehen.

Die frische Luft und einige schnell herbeigeschaffte Schokoteilchen der Veranstalter sorgten dafür, dass es mir etwas besser ging. Aber Steve, Greg und Ali waren noch immer besorgt. Ein Ersthelfer wurde gerufen. Es war von Rettungswagen und Sauerstoff die Rede. Aber ich wollte nicht, dass so viel Aufhebens um mich gemacht würde. Nach kurzer Zeit fühlte ich mich in der Lage zu laufen und lehnte das Angebot von Sauerstoff und Rettungswagen, der mich in ein Krankenhaus bringen würde, ab. Ich war erleichtert, als ich erfuhr, dass sich Sarah und Felicity der Fragen und Sorgen der Veranstaltungsteilnehmer schnell und versiert angenommen hatten.

Ich fühlte mich sehr müde. In dem Wissen, dass mir ein großer Tag bevorstand, beschloss ich, den Zimmerservice in Anspruch zu nehmen und ins Bett zu gehen. Ali und einer der Sergeants aus meinem Polizeischutzteam waren nicht glücklich damit und versuchten, mich davon zu überzeugen, für eine Kontrolluntersuchung in die Notaufnahme zu fahren. Als ich das ablehnte, schlugen sie vor, einen Arzt in mein Hotelzimmer zu rufen. Ich sagte ihnen, das sei nicht nötig. Im Vorfeld meines hektischen Donnerstags brauchte ich meinen ungestörten Schlaf, und ich wollte nicht jedermanns Zeit damit verschwenden, ins Krankenhaus zu fahren.

Erst als Saadiya anrief, begriff ich, wie ernst ich den Vorfall nehmen musste. Sie war äußerst besorgt, nachdem sie den Tweet eines lokalpolitischen Journalisten gesehen hatte, der auf der Veranstaltung gewesen war und fälschlicherweise behauptete, dass ein Rettungswagen gerufen worden sei. Später erfuhr ich, dass jemand anders auf den Tweet geantwortet und den Journalisten für sein unverantwortliches Handeln angeprangert hatte, mit dem Hinweis, dass schließlich meine Familie den Tweet gesehen haben könnte. Nun denn, genau das war passiert. Saadiya wollte auch, dass ich mich untersuchen ließ. Ich erklärte ihr, dass ich es nicht für nötig hielt, ins Krankenhaus zu fahren, und dass ich einfach nur schlafen wollte, aber das überzeugte sie nicht. Sie erläuterte mir ihre Angst, dass mir etwas zustoßen könnte, während ich allein in meinem Hotelzimmer war. Sie fragte, ob irgendjemand bei mir im Zimmer schlafen könnte, doch ich nahm an, dass so etwas über die Stellenbeschreibung eines Personenschützers hinausging.

Als es zehn war, hatte ich den Zimmerservice bereits bestellt und machte mich bettfertig. Ich konnte ja nicht ahnen, dass Saadiya und Ali während meiner Vorbereitungen für die Nacht einen Kriegsrat angezettelt hatten und nun Geheimpläne schmiedeten, wie sie mich einer gründlichen Untersuchung unterziehen lassen konnten. Nachdem sie erstens versucht hatten, einen Arzt aufzutreiben, der zu mir ins Hotel kam, und mich zweitens auf Anraten des schottischen Gesundheitsdienstes dazu zu überreden, in die Notaufnahme zu fahren, hatten sie drittens den umfassenden Verteidigungsbereitschaftszustand Stufe 1 ausgerufen und Dr. Tom Coffey, meinen Gesundheitsberater im Bürgermeisteramt, kontaktiert. Ich war gerade am Einschlafen, als er mich anrief.

Sein Tonfall war sehr ernst. Er erklärte mir, dass er das bei vielen Männern erlebt hatte: Sie sind nach einem ähnlichen Vorfall schlafen gegangen und dann nie wieder aufgewacht. Er rief mir eine BBC-Dokumentation über die New-Labour-Jahre in Erinnerung, die wir beide gesehen hatten. Genau das war John Smith, dem ehemaligen Vorsitzenden der Labour-Partei 1994 passiert: Er war ins Bett gegangen, weil er sich nicht wohlfühlte, erlitt dann mitten in der Nacht einen Herzinfarkt und war am nächsten Morgen tot. Ich protestierte und wies darauf hin, dass ich um einiges jünger und besser in Form sei als John Smith, aber Tom ließ nicht locker. Er sagte: »Mein Rat als Arzt wäre: ›Fahr ins Krankenhaus.‹ Mein Rat als Freund wäre: ›Fahr *bitte* ins Krankenhaus.‹«

Also rief ich Ali an und sagte ihr: »Ich kapituliere.« Das Polizeischutzteam kam wieder zusammen und wir machten uns auf den Weg in die Notaufnahme des Glasgow Royal Infirmary. Dankenswerterweise war es ein ruhiger Abend und innerhalb einer halben Stunde wurden ein EKG und eine Röntgenaufnahme meines Brustkorbs gemacht. Alles schien in Ordnung zu sein, aber ich musste noch auf die Ergebnisse der Bluttests warten. Als Ali versucht hatte, mich dazu zu überreden, mich untersuchen zu lassen, hatte sie gesagt: »Um eins bist du wieder zurück.« Wie es aussah, hatte sie mit ihrer Schätzung nicht allzu falsch gelegen.

Dann, kurz vor ein Uhr nachts, erklärte mir der Arzt, dass einer meiner Blutwerte »grenzwertig« sei. Das Problem war ein Protein namens Troponin, das nach einer außergewöhnlichen Herzaktivität ins Blut freigesetzt wird. Mir wurde gesagt, dass ich bis drei Uhr morgens dableiben müsse, damit die Bluttests wiederholt und die Werte erneut überprüft werden könnten. Darüber war ich zwar nicht glücklich, aber mir blieb keine andere Wahl. Eigentlich hatte ich an diesem Abend vorgehabt, meinen Worten, mit denen ich mich am nächsten Tag an das UN-Gremium wenden sollte, noch den letzten Schliff zu verleihen. Ali hatte meine Notizen dabei. Also saßen wir nun im grellen Licht der Notaufnahme und arbeiteten daran. Ich wollte gern ins Hotel zurück, aber ansonsten waren wir alle ganz guter Dinge. Ich war mir sicher, dass man hier im Krankenhaus einfach übervorsichtig war. Die Zeichen standen immer noch gut: Die Wiederholung der Blutuntersuchung war eine reine Formsache.

Zumindest bis wir die Ergebnisse der neuerlichen Tests bekamen. Der diensthabende Arzt teilte mir mit, dass sich der Troponin-Wert in meinem Blut verdoppelt hatte. Es bestand die Möglichkeit, dass ich am Abend zuvor einen leichten Herzinfarkt erlitten hatte.

Ich konnte es nicht fassen. Es ging mir doch gut. Man wollte mich stationär aufnehmen, aber ich lehnte ab. Ich glaubte einfach nicht, dass ich einen Herzinfarkt gehabt hatte – und ich wusste, wenn ich erst einmal aufgenommen worden wäre, würde es ein Alptraum sein zu versuchen, wieder entlassen zu werden. Der Facharzt bot an, dass ich in der Notaufnahme bleiben könne, solange ich zustimmte, mich um sechs Uhr weiteren Bluttests zu unterziehen. Wenn diese nicht zufriedenstellend ausfielen, würden sie darauf bestehen, mich stationär aufzunehmen, um mich gründlich zu untersuchen, inklusive CT und Angiogramm.

Die ganze Situation fühlte sich vollkommen unwirklich an. In wenigen Stunden sollte ich die vielleicht wichtigste Rede meiner Amtszeit als Bürgermeister halten. Und hier saß ich nun im Glasgow-Royal-Infirmary-Krankenhaus, meine untere Hälfte in Anzughosen und die obere im Krankenhaushemd, und wartete darauf, dass man mir sagte, ob ich wegen einer dringenden Behandlung eingewiesen werden müsse. Inzwischen war ich weit davon entfernt, um eins zurück im Hotel zu sein.

Kurz nach sechs Uhr kamen die Ergebnisse der dritten Blutuntersuchung. Sie zeigten, dass mein Troponinwert leicht gestiegen war, aber nicht genug, um eine stationäre Aufnahme zu rechtfertigen, vorausgesetzt, dass ich mich ausruhte und jemand ein Auge auf mich hatte. Zu meiner Erleichterung war es mir nun freigestellt zu gehen, wenn ich denn wollte. Obwohl ich von der schlaflosen Nacht erschöpft war, sprang ich aus dem Bett. Als ich das Krankenhaus verließ, riet mir der Arzt, mich auszuruhen und an diesem Tag Stress zu vermeiden. »Natürlich«, sagte ich.

Ali und ich machten uns auf den Weg zurück ins Hotel. Unterwegs schlug mein Handywecker Alarm, passenderweise mit dem Song *Wake Up* von Arcade Fire. Schön wär's. Beim Frühstück war Ali drauf und dran, ihren Sinn für Humor zu verlieren. Als der Kellner fragte, was sie gern hätte, antwortete sie: »Elf Tassen Kaffee.« Zu diesem Zeitpunkt kamen bereits alle anderen zum Frühstück herunter, die meisten von ihnen ahnungslos, wo ich die Nacht verbracht hatte. »Du hast heute ganz schön was vor dir – das ist der spannendste Tag in der Geschichte der *C40*«, sagte der frühere Bürgermeister von Toronto und ehemalige *C40*-Vorsitzende David Miller zu mir, und ich hätte darauf am liebsten geantwortet: »Aber David, der gestrige Tag ist doch noch nicht einmal vorbei!«

Eine Stunde später – nach einer kurzen Dusche und einem Kleiderwechsel – ging es für uns zum Auftakt mit ein paar Interviews los. Mir stand ein gewaltiges Tagesprogramm bevor: nicht nur die große Rede, sondern auch ein Treffen mit UN-Generalsekretär António Guterres, den wir zu einer Zusammenkunft mit einer repräsentativen Auswahl von Bürgermeistern aus der ganzen Welt überredet hatten. Doch durch den Schleier meiner Müdigkeit hindurch verging dieser Tag wie im Flug. Ich erinnere mich, wie ich, gegen den Nebel in meinem Gehirn ankämpfend, mit Dutzenden von internationalen Amtskollegen in einem unscheinbaren Tagungsraum in den Tiefen der UN-Sicherheitszone saß und den Generalsekretär von der großen Bedeutung der Städte zu überzeugen versuchte. Guterres beendete das Treffen mit den Worten: »Macht wird einem niemals gegeben, man muss sie ergreifen«, wobei er mich demonstrativ anschaute. Ich fand mich vor eine Herausforderung gestellt.

Und schon war der Zeitpunkt für meine große Rede gekommen. Ich machte mich auf den Weg zum Plenum der UN-Klimakonferenz. Dieser Schauplatz war etwas einschüchternd, eine riesige Halle voller Schreibtische mit den Namen und Nationalitäten von über tausend Delegierten und Verhandlungsführenden aus allen Teilen der Welt. Ich fragte mich, ob ich der allererste Redner war, der das Hauptpodium der UN-Klimakonferenz betrat, nachdem er die Nacht zuvor in der Notaufnahme verbracht hatte, und versuchte, meine Müdigkeit und das nervöse Kribbeln in meiner Magengegend zu ignorieren. Als ich meinen Platz in der vordersten Reihe einnahm, war ich voller Stolz auf die harte Arbeit, die mein gesamtes Team geleistet und die uns immerhin bis hierher gebracht hatte, insbesondere auch die meiner stellvertretenden Bürgermeisterin Shirley Rodrigues. Obwohl sie einen Mundschutz trug, war nicht zu übersehen, dass sie strahlte.

Und dann war ich an der Reihe zu sprechen.

Als ich das Podium betrat, war ich nervös, aber selbstsicher. Ich wusste genau, warum ich hier war und was ich zu sagen hatte.

Das Problem des Klimastillstands war eine Tatsache. Aber die *C40* zeigten einen Weg auf, wie sich dieses Problem überwinden ließ: indem man sich die Macht der Bürgermeister zunutze machte, um die Welt zu verändern. Nationale Regierungen »können das allein nicht schaffen«, erklärte ich den Zuhörern im Saal.

Ich sprach darüber, dass es bei einem Vergleich nationaler Regierungen mit städtischen Verwaltungen in den letzten Jahren einen auffallenden Unterschied gab, wenn es darum ging, kühne Klimaschutzmaßnahmen zu ergreifen – nämlich den Unterschied zwischen Verzögerern und Machern.

Und ich sprach über die Arbeit, die wir in London geleistet hatten. Ich erzählte die Geschichte der Stadt – und meine eigene. Ich sprach über meine Asthmaerkrankung und die Verbesserung der Luftqualität; über die Ausweitung der Ultra-Niedrigemissionszone, den Start unseres *Green New Deal* und darüber, die Klimagerechtigkeit ins Zentrum der Reaktion der Städte dieser Welt auf den Klimawandel zu stellen.

Als die Delegierten unserer Politik Beifall spendeten, fühlte ich, wie mein Herz vor Stolz auf alles, was wir erreicht hatten, regelrecht anschwoll – und hoffte nur, dass dies nicht auf einen weiteren kurz bevorstehenden Herzinfarkt hindeutete.

Noch in derselben Minute, da ich die Bühne verließ, wurde ich eilig aus dem Konferenzsaal geführt und zurück zum Bahnhof gebracht, damit wir unseren Zug zurück nach London noch bekamen. Wir waren knapp dran und mussten die letzten fünf Minuten im Laufschritt zurücklegen. Das war nicht ganz das »Ruhig-angehen-Lassen«, das ich dem Arzt versprochen hatte, als ich das Krankenhaus am Morgen verließ.

Trotz alledem sollten wir sehr bald feststellen, dass unsere Botschaft angekommen war. Achtundvierzig Stunden später habe ich zusammen mit Mitgliedern meines Teams online dabei zugesehen, wie anlässlich der 26. UN-Klimakonferenz der Klimapakt von Glasgow abgeschlossen und unterzeichnet wurde. Und darin wurde schwarz auf weiß die wichtige Rolle anerkannt, die überparteilichen Interessenvertretern – darunter hauptsächlich den Städten – zukommt, wenn es darum geht, zum Erreichen der Ziele der Konvention und des Pariser Abkommens beizutragen. Erstmals wurde Städten ein offizieller Platz am Verhandlungstisch zugestanden.

Auf die mir eigene bescheidene Weise hoffte ich, dass die Maßnahmen der *C40* hier etwas bewirkt hatten. Endlich war Londons Klimapolitik auf der globalen Ebene angekommen.

Fazit

Grün gewinnt

Bis heute bin ich außerstande, kalte Milch zu trinken. Als ich zehn Jahre alt war, haben mich meine Brüder zu einem Milch-Wetttrinken herausgefordert. Innerhalb von zwei Minuten habe ich es geschafft, beinahe zwei Liter davon in mich hineinzuschütten – und damit alle meine Brüder haushoch geschlagen. Noch immer kann ich die Wut in der Stimme meiner Mutter hören, weil wir innerhalb von 120 Sekunden unseren Milchvorrat für zwei Tage verschwendet hatten.

Wenn man mit sechs Brüdern und einer Schwester aufwächst, entwickelt man nahezu zwangsläufig einen gewissen Kampfgeist. So war es denn auch eine Art gesunder Wettbewerbsgeist, der mich 2014 dazu bewegte, den London-Marathon zu laufen (das geht an Sie, Ed Balls). Es war meinem Konkurrenzdenken geschuldet, dass ich Zac Goldsmiths scheinbar »grüne« Kompetenzen im Zuge des Bürgermeisterwahlkampfs 2016 unbedingt übertrumpfen wollte. Und es war meine Wettbewerbsfähigkeit, die mich 2021 dazu veranlasste, für den Vorsitz der *C40* zu kandidieren. In der Tat ist mein Konkurrenzdenken derart ausgeprägt, dass ich sogar einen Eifersuchtsanfall erleide, wann immer unsere Hündin Luna in den sozialen Medien mehr Likes bekommt als ich (behaupten zumindest meine Töchter).

Vor allem jedoch wird mein Kampfgeist geweckt, wenn es um Wahlen geht. Ich glaube daran, dass die Labour-Partei

Großbritannien zu einem besseren Land machen kann. Aber dafür müssen wir gewinnen. Leider ist das nicht immer unsere große Stärke gewesen.

Als Teenager habe ich die Folgen von Labour-Wahlniederlagen selbst erfahren, als das Busdepot meines Vaters geschlossen blieb, meine Lehrer sich ständig im Streik befanden und die älteren Geschwister meiner Freunde allesamt Schwierigkeiten hatten, Arbeit zu finden. Das alles waren Folgen der Regierungspolitik von Margaret Thatcher. Und ich habe die Qualen erlebt, die es bedeutet, in der Opposition zu sein; zunächst als Mitglied des von der Tory-Partei geführten Stadtrats von Wandsworth, ab 2010 dann als Oppositionsabgeordneter im britischen Parlament. Ich erinnere mich an einen Satz, den Gordon Brown – der immer sehr zugänglich war, selbst als Schatzkanzler und als Premierminister – mir einst bei einer Tasse Kaffee in der Teestube des Unterhauses mit auf den Weg gab, kurz nachdem ich ins Parlament gewählt worden war: »Ein Tag an der Macht ist mehr wert als fünftausend Tage in der Opposition.«

Dieses unbedingte Gewinnen-Wollen hat dazu geführt, dass sehr viele Menschen angesichts dessen überrascht waren, wie sehr ich mich während meiner Amtszeit als Bürgermeister für den Klimaschutz engagierte. Eine in der Politik weitverbreitete Weisheit ist ganz simpel: Harte Klimamaßnahmen kosten Wählerstimmen.

Es ist durchaus nachvollziehbar, warum die Menschen so denken. Im Bürgermeisterwahlkampf von 2008 versprach Boris Johnson, jegliche Erweiterung der City-Maut wieder rückgängig zu machen. Johnson hat die Wahl ganz knapp gewonnen und viele Experten waren der Meinung, dass diese Strategie dabei eine Rolle gespielt habe. In Frankreich hat die von Präsident Emmanuel Macron geplante Erhöhung der Steuern auf Diesel und Benzin im Jahr 2018 dazu geführt, dass etwa 270.000 Bürger im ganzen Land dagegen protestierten. Aus den *»gilets jaunes« (»Gelbwesten«)* wurde sehr bald eine weiter gefasste regierungsfeindliche Bewegung, die Macrons Administration schwer zusetzte. Seither sind populistische Parteien auf der ganzen Welt dem Beispiel gefolgt und benutzen den Klimawandel als Streitfrage, um die Öffentlichkeit zu spalten, eine Strategie, die bei rechtsgerichteten Parteien zu beobachten ist – von der Alternative für Deutschland bis hin zur finnischen Partei Die Finnen (»Perussuomalaiset«, PS). Dabei ist es eine beliebte Taktik, bei jeder sich bietenden Gelegenheit »Heuchelei« zu rufen: wann immer Politiker dabei »erwischt« werden, wie sie zu einer Klimakonferenz fliegen, einen Cheeseburger essen oder mit dem Auto unterwegs sind. In meinem Fall liegt die Ironie darin, dass die toxische Rhetorik rund um diese »Heuchelei« mir kaum eine andere Wahl lässt, als mich in einem kugelsicheren Fahrzeug fortzubewegen, wenn man mir das anrät. Ich wäre viel lieber auf meinem Brompton-Fahrrad unterwegs!

All das sorgt dafür, dass viele Politiker durchgreifenden Umweltschutzmaßnahmen gegenüber misstrauisch sind. Alle sind der Meinung, dass Politiker das Klima zumindest erwähnen sollten; doch die Theorie besagt, dass niemand, der ernsthaft am eigenen Machtgewinn und -erhalt interessiert ist, die Umweltproblematik zu sehr in den Vordergrund stellen darf. Beim leisesten Verdacht der Heuchelei wird man sofort in Stücke gerissen. Und man kann einfach nicht gewinnen.

Mit diesem Buch habe ich aufzuzeigen versucht, warum diese Analyse falsch ist. Ich schreibe dies an einem späten Sommerabend im neuen Rathaus – dem umweltfreundlichsten Rathausgebäude sämtlicher Weltstädte –, in das wir gerade umgezogen sind, und beobachte den Sonnenuntergang über den Royal Docks im Osten Londons. Wenn ich aus meinem Bürofenster schaue, blicke ich auf ein durch grüne Politik gewandeltes London. Obwohl wir uns mitten in Tarifzone 3 der Londoner Verkehrsgesellschaft befinden, liegen wir im Bereich der erweiterten Ultra-Niedrigemissionszone. Draußen in der Abenddämmerung entspannen sich Londoner auf dem Rasen oder schwimmen im Hafenbecken: zum Teil möglich gemacht durch eine Investition vonseiten des *Royal Docks Team** im Rathaus, in enger Zusammenarbeit mit dem lokalen Stadtrat. Wenn ich mich gleich auf den Heimweg mache, werde ich dafür die neue energiesparende und strombetriebene *Elizabeth Line*** nutzen.

Und dann sind da noch die Veränderungen, die man nicht sehen kann. Seit 2016 hat sich die Zahl der Londoner, die in Gebieten wohnen, in denen die gesetzlich zulässigen Stickstoffdioxid-Grenzwerte überschritten werden, um 90 Prozent reduziert. Mehr als 70 Prozent unserer Straßen erfüllen inzwischen den gesetzlichen Stickstoffdioxid-Grenzwert, was im Vergleich zum Zeitpunkt meiner erstmaligen Wahl zum Bürgermeister einer Steigerung um 140 Prozent entspricht. Die Ultra-Niedrigemissionszone in Londons Zentrum und Innenstadtbereich ist bereits als Riesenerfolg zu werten, da sie dazu beiträgt, die Luftverschmutzung durch den Straßenverkehr in Londons Zentrum um 44 Prozent und im Innenstadtbereich um 20 Prozent zu verringern.[1] Und den *C40* zufolge sind wir eine von nur dreißig Städten weltweit, in denen die Treibhausgasemissionen abgenommen haben. Gegenwärtig liegen sie 33 Prozent unterhalb der Werte von 1990.[2]

All das ist aus einem einzigen Grund möglich geworden: Wir haben gewonnen.

---

* Das *Royal Docks Team* ist eine gemeinschaftliche Initiative des Bürgermeisters von London und des Bürgermeisters von Newham. 2017 gegründet, soll es dazu beitragen, die Umwandlung der Royal Docks in ein lebendiges kulturelles und gemeinschaftliches Zentrum voranzubringen (https://www.royaldocks.london/about-us) (Anm. d. Ü.).

** Die 2022 eröffnete *Elizabeth Line* ist ein untertunneltes S-Bahn-ähnliches Nahverkehrsangebot, das als Ost-West-Verbindung die Londoner U-Bahn entlastet (Anm. d. Ü., Quelle: Wikipedia).

Ich hoffe, Sie verzeihen mir, wenn ich an dieser Stelle ein wenig ins Prahlen gerate. Denn ich denke, dass uns dies eine eindringliche Lektion erteilt. Eine zupackende Klimapolitik muss nicht unbedingt eine politische Achillesferse sein, wie ich einst glaubte. Ganz im Gegenteil. Man kann die Klimapolitik nutzen, um damit Wahlen zu gewinnen.

Die Welt von heute ist eine andere als die vor zehn Jahren. Die Wähler sorgen sich mehr denn je um das Klima. Die größte jemals durchgeführte Meinungsumfrage zum Thema Klimawandel kam zu dem Ergebnis, dass zwei Drittel der Menschen diesen als einen »globalen Notfall« betrachten, und ihre Zahl nimmt immer weiter zu. Seitdem ich 2016 erstmals gewählt wurde, ist der Anteil der Menschen, die angesichts des Klimawandels »sehr besorgt« oder »äußerst besorgt« sind, von etwa 20 Prozent auf fast 60 Prozent in die Höhe geschnellt.[3]

Die Wähler brauchen die Klimamaßnahmen also nicht nur, sie wollen sie auch. Der Trick besteht darin, die Umweltpolitik auf eine Art und Weise zu präsentieren, durch die sich die Wählerschaft angesprochen fühlt. Das heißt, Maßnahmen zu gestalten, die nicht nur technokratisch fundiert sind, sondern gleichermaßen auffällig wie überzeugend. Maßnahmen, die es einem erlauben, nicht nur mit Prosa, sondern auch mit Poesie zu regieren.

Zu dem Zeitpunkt, da ich dies schreibe, habe ich noch keinen wichtigen Poesiepreis gewonnen. Daher bin ich auch nicht selbstherrlich genug zu behaupten, dieses Buch hätte alle Lösungen parat. Aber dennoch hoffe ich, dass es aufstrebenden Umweltpolitikern ein paar Anregungen zu bieten hat. Zunächst haben wir ergründet, warum die Menschen gelegentlich abschalten, wenn es um die Klimaproblematik geht: sei es nun aufgrund von Fatalismus (»Dagegen kann man sowieso nichts machen.«), Apathie (»Das ist mir egal.«) oder Zynismus (»Politiker sind doch eh alle gleich.«). Die Lösung besteht darin, zwischen dem Klimawandel – und damit der Klimapolitik –

und dem alltäglichen Leben der Bürger eine nachvollziehbare Verbindung herzustellen. Gegen den Pessimismus anzukämpfen, indem wir genau die Hebel in den Vordergrund stellen, derer wir uns tatsächlich bedienen *können*, um die Umwelt zu verbessern. Die Apathie zu bekämpfen, indem wir den Menschen vor Augen führen, welche Auswirkungen der Klimawandel bereits jetzt auf sie selbst, ihre Gesundheit und die ihrer Angehörigen hat. Und dem Zynismus und Misstrauen zu Leibe zu rücken, indem wir einen pragmatischen Ansatz bei der Koalitionsbildung verfolgen und mit Verbündeten aus dem gesamten politischen Spektrum zusammenarbeiten.

Daran anschließend haben wir uns mit den praktischen Aspekten des Regierens mit einer grünen Agenda befasst. Wir haben erörtert, aus welchen Gründen die Problematik des Klimawandels dazu tendiert, durch das organisierte Chaos im Leben eines Amtsinhabers immer wieder ins Hintertreffen zu geraten: Verschiebung der Prioritäten (»Das Klima ist kein dringliches Problem, also lasst uns uns später darum kümmern.«), Feindseligkeit (»Wie kannst du es wagen, mir meinen Diesel wegzunehmen!«) und Kosten (»Ich kann es mir nicht leisten, umweltfreundlich zu sein.«). Die Lösung besteht darin, umweltpolitische Maßnahmen zum Herzstück der eigenen politischen Planung zu machen, anstatt sich nur am Rande damit zu befassen. Eine Prioritätenverschiebung abzuwehren, indem man Momente der Krise als eine Chance umdeutet, um mehr klimapolitische Maßnahmen zu beschließen, nicht weniger. Die Feindseligkeit bekämpfen, indem man versteht, dass es eine lautstarke Minderheit geben kann, und indem man nach draußen geht und herausfindet, was die Menschen wirklich wollen (oder »ihren Puls aufspüren«, wie ich das nenne). Und die Kosten zu minimieren, indem man den Ansatz eines *Green New Deal* verfolgt, der den Klimawandel als einzigartige Gelegenheit begreift, eine gerechtere Gesellschaft mit guten Arbeitsplätzen für alle aufzubauen.

Schließlich stießen wir auf das vielleicht größte Problem: den klimapolitischen Stillstand. Eine wirkungsvolle Reaktion auf den Klimawandel erfordert eine weltweite Zusammenarbeit. Doch reiche und arme Länder sowie rechts- und linksgerichtete Regierungen zu einer Kooperation in der Klimaproblematik zu bewegen, erscheint häufig als beinahe unmöglich. Dies bleibt ein unlösbares Problem. Trotz seiner guten Absichten wird der Klimapakt von Glasgow dem Ausmaß der Herausforderung wahrscheinlich nicht gerecht, und dennoch können sich nationale Regierungen als außerstande erweisen, dessen Ideen in die Praxis umzusetzen. Mein vorsichtiger Lösungsvorschlag lautet, auf gemeinschaftliche globale Initiativen zu vertrauen – Initiativen wie die *C40*.

Diese Gruppe hat immer wieder unter Beweis gestellt, dass eine Zusammenarbeit im Klimabereich möglich ist. Im letzten Jahrzehnt habe ich Zeit mit Präsidenten und milliardenschweren Geschäftsleuten, UN-Diplomaten und Führungskräften von NGOs verbracht. Doch diejenigen Menschen, die mich durchweg am meisten beeindrucken, kommen aus dem Bereich der städtischen Verwaltung. Wenn es um das Klima geht, sind Bürgermeister richtungsweisend.

Im Dezember 2017 begab ich mich auf eine sechstägige Handelsreise nach Indien und Pakistan. Das war ein historisches Ereignis. Wir planten die seit Jahrzehnten erste Überschreitung der Landgrenze von Indien nach Pakistan durch einen britischen Politiker. Doch was ich im Vorfeld tat, war für mich genauso aufregend. Am dritten Tag der Reise sollte ich in Delhi R. Sampath Raj, den Bürgermeister von Bengaluru, treffen, um eine wichtige neue Initiative der *C40* zu verkünden.

Als ich in Delhi ankam, war alles und jeder in einen giftigen Dunstschleier gehüllt. Die Stadt versank unter dichten Smog-Wolken. Ich erfuhr, dass einige Schulen bereits in der Woche zuvor geschlossen worden waren und dass die Stadtverwaltung von Delhi sogar eine Ausgangssperre in Betracht zog, um die Einwohner vor der schmutzigen Luft zu schützen.

Unsere Ankündigung sollte in der Mahajara-Agarsain-Schule im Norden von Delhi stattfinden. Dort nahmen Schüler an einem naturwissenschaftlichen Kurs teil, bei dem das Thema Luftqualität im Mittelpunkt stand. Dazu wurden rund um die Schule Sensoren zur Erfassung der Schadstoffbelastung eingesetzt. Drei der Schüler – Khyati, Shaurya und Harshita – erläuterten, wie sich die schlechte Luftqualität auf ihr Leben auswirkte. Indische Städte sahen sich mit schwerwiegenden Herausforderungen im Bereich der Luftqualität konfrontiert, besonders im Winter, wenn Stoppelfeuer und ungünstige Wetterbedingungen die bereits bestehende Verschmutzung durch Verkehr und Kraftwerke zusätzlich verschlimmerten.

Das konnte ich selbst feststellen. Trotz Einnahme meiner Asthma-Medikamente hatte ich am Ende des Besuchs Schwierigkeiten beim Luftholen. Nicht in der Lage zu sein, ausreichend Sauerstoff zu bekommen, ermüdet einen nicht nur körperlich, es ist auch mental anstrengend. Aufgrund der Auswirkungen der Luft auf meine Atmung mussten unsere Medieninterviews zunächst verschoben und dann an andere Orte verlegt werden. Simon Harris, politischer Korrespondent von ITV London, begleitete uns auf der Reise und fragte freundlicherweise, ob bei mir alles in Ordnung sei. Doch vor der Kamera wollte ich nicht darüber reden. Da ich meine Gastgeber nicht vor den Kopf stoßen wollte, nahm ich unauffällig einen weiteren Hub von meinem Asthmaspray und wich der Frage aus.

Als ich durch den Smog hindurch zu den Kindern auf dem Spielplatz hinübersah, dachte ich über die Ähnlichkeiten zwischen Delhi und London nach. Umweltprobleme – insbesondere die Luftverschmutzung – treffen Städte unverhältnismäßig stark. In beiden Fällen wurde die Gesundheit der

Menschen durch die Verschmutzung beeinträchtigt. Und in beiden Fällen fiel der Stadtverwaltung die Aufgabe zu, das Problem in den Griff zu bekommen. Bürgermeister sind viel näher an diesen Themen dran als jede andere politische Führungskraft.

Ihre Nähe zur Problematik bedeutete auch, dass Bürgermeister mehr Maßnahmen ergriffen als alle anderen. Im Vorfeld meiner Interviews hatte ich angekündigt, dass London und Bengaluru ein neues weltweites Partnerschaftsnetzwerk zur Luftqualität anführen würden. Sampath und ich würden gemeinsam den Vorsitz dieser Initiative übernehmen, in deren Rahmen wir mit bis zu zwanzig Weltstädten zusammenarbeiten würden, um Lösungsansätze für die internationale Krise der Luftverschmutzung zu entwickeln. Sie sollte ein großangelegtes neues System der straßenweisen Überwachung der Luftqualität beinhalten, um gesundheitsgefährdende Schadstoffbelastungen zu analysieren, und außerdem die Effektivität neuer Technologien untersuchen, die Informationen über die Luft, die die Menschen atmeten, bereitstellten. Die im Zuge des Projekts gewonnenen Erkenntnisse sollten für eine Verbesserung der Luftqualität in fast einhundert Städten auf der ganzen Welt genutzt werden.

Ich erinnere mich lebhaft an diesen Vormittag, weil es das erste Mal war, dass ich mehr oder weniger begriff, welch große Bedeutung den Bürgermeistern im Kampf gegen den Klimanotstand zukommen würde. In den darauffolgenden Jahren kam ich immer wieder zu der Erkenntnis, dass die Städte am meisten unter der Klimakrise zu leiden hatten. Und immer wieder stellte ich fest, dass es ebenfalls die Städte waren, von denen die innovativsten, wirkungsvollsten und radikalsten Maßnahmen ausgingen.

Ich erfuhr von Dhaka, einer Stadt, die aufgrund des Klimawandels mit einem nie dagewesenen Zuwachs zu kämpfen hatte. Im Durchschnitt ziehen jeden Tag 2.000 Menschen nach Dhaka, häufig dazu veranlasst durch den Anstieg des Meeresspiegels, Zyklone oder Überschwemmungen in anderen Teilen Bangladeschs. Die Stadt sieht sich enormen Herausforderungen gegenüber: 40 Prozent ihrer Einwohner leben in Elendsvierteln, zumeist mit begrenztem Zugang zur Grundversorgung.[4] Dhaka stellt sich der Herausforderung. Die *Dhaka North City Corporation** arbeitet gemeinsam mit der nationalen Regierung daran, die Lebensbedingungen in den Elendsvierteln zu verbessern, unter anderem durch die Bereitstellung einer widerstandsfähigeren Wasserversorgung.

Ich erfuhr von Accra, der Hauptstadt Ghanas, wo Tag für Tag 300 Tonnen Abfall in illegalen Deponien entsorgt wurden. Dieser Müll wurde häufig verbrannt, was zu einer Verschmutzung der Luft und des Grundwassers führte. Die Stadt reagiert darauf. 2016 haben die Behörden ein Programm ins Leben gerufen, um den inoffiziellen Müllsammlern Arbeitsplätze im Rahmen des offiziellen städtischen Abfallentsorgungssystems zu verschaffen. Außerdem begann man damit, die illegalen Deponien zu schließen. Zwischen 2017 und 2019 stieg die Abfallbeseitigung durch die städtischen Behörden von 28 auf 45 Prozent.[5]

Ich erfuhr von Quezon City, der bevölkerungsreichsten Stadt auf den Philippinen, in der fast drei Millionen Einwohner mit dem Mangel an Grünflächen zu kämpfen haben. Die Stadt geht das Problem ganz direkt an. Im Rahmen des *Grow-QC*-Programms werden städtische Flächen umgewidmet, um gemeinschaftliche Nutzgärten zur Nahrungsmittelproduktion aufzubauen. Dabei werden die Nutzung und Umwandlung brachliegender Freiflächen in Grün- und

* Die *Dhaka North City Corporation (DNCC)* ist eine lokale Regierungsbehörde, die alle kommunalen Dienstleistungen im nördlichen Teil von Dhaka verwaltet. Sie wird von einem Bürgermeister geleitet, der alle fünf Jahre gewählt wird (Anm. d. Ü., Quelle: Wikipedia).

Anbauflächen gefördert. Im Ortsteil Botocan haben Frauen ihren eigenen Bauernhof gegründet und bauen nun frisches Obst und Gemüse für ihre Familien an. Das Programm hat auch geholfen, die durch die Pandemie verursachte Ernährungskrise zu entschärfen.

Und ich erfuhr von New York, der vielleicht zweitgroßartigsten Metropole der Welt (sorry, liebe New Yorker), die als Zentrum des globalen Kapitalismus vermutlich mehr zum Klimawandel beigetragen hat als jede andere Stadt der Erde. Und sie übernimmt Verantwortung. 2019 hat der Stadtrat von New York City den *Climate Mobilization Act* verabschiedet, ein richtungsweisendes Gesetzespaket, das zu den ehrgeizigsten Maßnahmen zählt, die von einer Großstadt zur Reduktion der Treibhausgasemissionen bereits bestehender Gebäude ergriffen wurden. Das Gesetz verlangt, dass die meisten Gebäude mit einer Grundfläche von über 2.300 Quadratmetern die Treibhausgasemissionsgrenzen bis 2024 erfüllen, wobei 2030 noch strengere Grenzwerte in Kraft treten sollen. Ziel des Gesetzes ist es, die Emission von CO_2-Äquivalenten um sechs Millionen Tonnen zu reduzieren, was ungefähr der Einsparung entspricht, die durch eine Million weniger Autos auf den Straßen erzielt würde.

Ich denke oft an das Buch zurück, das ich vor meinem Wahlkampf 2016 gelesen habe: *If Mayors Ruled the World – Wenn Bürgermeister die Welt regierten.* In gewisser Weise tun sie das bereits.

Während der UN-Klimakonferenz traf ich zufällig Rosamund Adoo-Kissi-Debrah auf einem Glasgower Bahnsteig.

Ein Jahr zuvor war Rosamund bei der Weltgesundheitsorganisation zur Interessenvertreterin für Gesundheit und Luftqualität ernannt worden und war somit die allererste Interessenvertreterin dieser Art aus Großbritannien. Sie erzählte mir, dass sie gerade auf dem Weg zum Präsidenten der Weltklimakonferenz, Alok Sharma, sei, um ihm eine Petition zu überreichen, in der die Regierung dazu aufgefordert wurde, rechtlich bindende Grenzwerte für die Luftverschmutzung auf Grundlage der WHO-Standards einzuführen.

Wann immer ich mit Rosamund zusammentreffe, fühle ich mich dazu ermahnt, nicht selbstgefällig zu sein.

Sie ist wahrscheinlich die am wenigsten selbstgefällige Person, der ich jemals begegnet bin. Zum Zeitpunkt der Weltklimakonferenz hatte sie beinahe ein Jahrzehnt darauf verwendet, für eine neue Gesetzgebung im Bereich Luftqualität zu kämpfen. Gemeinsam mit ihrem juristischen Team arbeitete sie daran zu ergründen, wie ein neuer *Clean Air Act* (oft auch als »Ellas Gesetz« bezeichnet) aussehen könnte. Sie hat ihr Leben der Aufgabe verschrieben sicherzustellen, dass das, was Ella passiert ist, nicht noch einmal geschieht.

Rosamund tut recht daran, niemals lockerzulassen. In diesem Buch ist von der Erweiterung der *ULEZ* die Rede gewesen und davon, London zu einer Nationalpark-Stadt zu machen, außerdem vom Bau von Hunderten von Kilometern neuer Radwege. Aber bislang ist noch nicht zur Sprache gekommen, was noch alles passieren muss, wenn London – und die Welt – ihre Klimaziele erreichen wollen.

Bei meiner Wiederwahl im Jahr 2021 habe ich neue unabhängige Studien in Auftrag gegeben, um herauszufinden, wie es uns gelingen kann, bis 2030 die CO_2-Neutralität zu erreichen.[6] Das Ergebnis war eine schonungslose Mahnung, welch lange Wegstrecke noch immer vor uns liegt. Der Bericht zeigte, dass die Kosten eines Stillstands weitaus höher ausfallen würden als die Kosten für die notwendigen Maßnahmen, um einen Übergang zur CO_2-Neutralität und eine Reduzierung der Luftverschmutzung zu erreichen. Wenn wir nicht weiterhin aktiv bleiben, könnten in den nächsten dreißig Jahren etwa eine halbe Million Londoner Krankheiten entwickeln, die auf die Luftverschmutzung zurückzuführen sind. Die Gesamtkosten für den Nationalen Gesundheitsdienst (NHS)* und das Sozialfürsorgesystem würden sich auf etwa 10,4 Milliarden Pfund belaufen. Außerdem zeigte der Bericht, dass Klimaungerechtigkeit nach wie vor ein drängendes Problem darstellt. Bei Hauptstadtbewohnern mit geringerem Einkommen ist die Wahrscheinlichkeit, dass sie in belasteten Gebieten leben, bedeutend höher als bei besserverdienenden Einwohnern.

Am besorgniserregendsten war jedoch, dass das Gutachten aufzeigte, dass London nach wie vor Gefahr läuft, sein Ziel der CO_2-Neutralität bis zum Jahr 2030 zu verfehlen, insbesondere dann, wenn wir keine weitere Unterstützung vonseiten der Regierung erhalten. Zwischen 2000 und 2018 hat London eine Senkung der arbeitsplatzgebundenen Treibhausgasemissionen um 57 Prozent sowie eine Reduzierung der Emissionen privater Haushalte um 40 Prozent erreicht. Doch im Verkehrsbereich beläuft sich die Senkung der Emissionen auf lediglich sieben Prozent.

Wir müssen noch weiter gehen. Und das haben wir auch vor. Wir haben Pläne, den öffentlichen Nahverkehr besser und attraktiver zu gestalten, Pläne für eine weitere drei Millionen Pfund schwere Initiative zur Massenpflanzung von Bäumen ebenso wie Pläne zur Einführung eines neuen, umfassenderen Straßennutzungsgebührensystems, das spätestens bis zum Ende des Jahrzehnts umgesetzt werden soll. Der neue *Rewild London Fund* des Rathauses trägt dazu bei, Londons wertvollste Orte für die wilde Tierwelt wiederherzustellen und mehr natürliche Lebensräume zu schaffen, in denen Pflanzen und Tiere gedeihen können. Nach einer 400 Jahre währenden Unterbrechung haben wir sogar wieder Biber in London willkommen geheißen – alles begann 2022 mit der Ankunft

* *National Health Service (NHS)*: das staatliche Gesundheitssystem im Vereinigten Königreich (Anm. d. Ü.).

von Justin Beaver und Sigourney Beaver in den Feuchtgebieten von Enfield.

Trotz alledem befinden wir uns noch immer erst am Fuße des Berges, den wir erklimmen müssen. Während ich dies schreibe, bin ich seit mehr als sechs Jahren als Bürgermeister von London im Amt. Das waren beglückende, chaotische, surreale und dramatische Jahre. Ich bin Marathons gelaufen, habe Britain First und Count Binface die Stirn geboten, wurde von Pferden beschnuppert und habe mich mit Aktivisten getroffen, die sich auch gern mal am Rathaus festklebten. Gelegentlich fühlte ich mich müde. Und bisweilen habe ich darüber nachgedacht aufzugeben.

In diesen Momenten denke ich an Rosamund, und ich denke an Ella.

Schließlich gibt es für uns noch so viel mehr zu tun.

Nachwort

Ich stand im Southbank Centre hinter der Bühne und spähte aufgeregt durch den Vorhang. Als Bürgermeister von London bin ich inzwischen daran gewöhnt, bei Veranstaltungen und Konferenzen zu sprechen. Aber hier ging es um die Präsentation meines ersten Buches, und das fühlte sich ganz anders an. *Atmen* – das war meine persönliche Geschichte in meinen eigenen Worten – und im Zuschauersaal waren Hunderte von Londonern versammelt, die Geld dafür bezahlt hatten, um sie zu hören. Ich war nervös.

Seit der ursprünglichen Veröffentlichung im Mai 2023 habe ich viel über die Welt der Bücher gelernt. Beispielsweise, dass Buchpräsentationen wie diese oft damit beginnen, dass die Autoren einen von ihnen selbst ausgewählten Textauszug vorlesen. Ich hatte mich für einen Abschnitt aus dem Anfangskapitel über Ella Adoo-Kissi-Debrah entschieden, die 2013 aufgrund der vergifteten Londoner Luft ihr Leben verlor, als sie gerade einmal neun Jahre alt war. Doch meine Lesung lief nicht wie geplant. Nachdem Misan Harriman, der Kuratoriumsvorsitzende des Southbank Centre, seine Einführung beendet hatte, nahm ich einen letzten Schluck Wasser, betrat die Bühne – und dann begann der Tumult.

»Schmeißt Khan raus!«

»Du bist ein Lügner!«

Die traurige Wahrheit ist, dass mich das nicht sonderlich überraschte. Eine kleine Handvoll von Leuten folgte mir seit Monaten auf Schritt und Tritt und beschimpfte mich bei Veranstaltungen lauthals, bis sie vom Sicherheitspersonal rausgeworfen wurde. An diesem Abend hatte jeder von ihnen um die 20 Pfund für dieses Privileg bezahlt. Als das Gebrüll anhielt, gewann es sogar eine leicht verzweifelte, komische Note; ein Mann hatte eine Trillerpfeife dabei, die er beharrlich zum Einsatz brachte, wann immer ich den Mund öffnete. Das Einzige, was mich dabei wirklich aus der Fassung brachte, war es, Ellas Mutter Rosamund im Publikum zu sehen. Als ich Ellas Tod erwähnte, stießen die Rufe »Das ist eine Lüge!« auf die Wut der übrigen Menge.

Allerdings hat der Abend mich zu der Erkenntnis gebracht, dass das, was ich inzwischen als normal akzeptiert hatte, weit davon entfernt war. Anders als sonst wurde ich nicht nur von meinem Rathausteam begleitet, das sich wie ich an die ständigen Beschimpfungen gewöhnt hatte (und gelegentlich auch zu deren Opfern gehörte), sondern dieses Mal waren auch mehrere Familienangehörige und Freunde im Publikum. Einem meiner Brüder wurde unmittelbar Gewalt angedroht. Viele von ihnen waren entsetzt und vollkommen aufgebracht. Wie war es dazu gekommen, dass dies für mich »normal« war?

So richtig begonnen hatte das alles im Jahr zuvor, als das Rathaus eine neue Studie in Auftrag gegeben und veröffentlicht hatte, die sich damit befasste, wie die Hauptstadt den Klimanotstand bekämpfen und bis 2030 die CO_2-Neutralität erreichen könnte. Es war klar, dass die Kosten einer Tatenlosigkeit wesentlich höher ausfallen würden als die Kosten der Transformation. Als Reaktion auf das Gutachten kündigten wir verschiedene Maßnahmen an, die in den kommenden paar Jahren umsetzbar sein könnten, um die Londoner Bevölkerung zum Umstieg von umweltschädlichen Autos auf Elektrofahrzeuge, öffentliche Verkehrsmittel und nachhaltige aktive Transportmöglichkeiten zu ermuntern. Der wichtigste Schritt war die Erweiterung der Ultra-Niedrigemissionszone auf Londons Außenbezirke, so dass sie das gesamte Stadtgebiet umfasste.

Bis zu diesem Zeitpunkt hatte die *ULEZ* durch die Reduzierung der gefährlichen Schadstoffwerte um beinahe die Hälfte in Londons Zentrum und um 20 Prozent im Innenstadtbereich geradezu transformativ gewirkt. Doch noch immer führte die viel zu sehr mit Giftstoffen belastete Luft zu dauerhaften Schädigungen der Gesundheit der Londoner Bevölkerung und Jahr für Jahr zu Tausenden vorzeitiger Todesfälle, wobei die größte Sterberate in den Außenbezirken zu verzeichnen war. Die Indizien deuteten darauf hin, dass die Ausweitung der *ULEZ* auf ganz London dazu führen würde, dass weitere fünf Millionen Menschen sauberere Luft atmen und gesünder leben könnten. Und auch die Einwohner wünschten sich zusätzliche Maßnahmen: Bei einer öffentlichen Konsultation, die zwischen Mai und Juli 2022 stattfand, hatten sich 59 Prozent der Teilnehmenden dafür ausgesprochen, dass mehr für den Kampf gegen die giftige Luft getan werden müsse. Eine von *YouGov** durchgeführte Umfrage hatte außerdem gezeigt, dass die Zahl der Londoner, die der Meinung waren, dass die vorgeschlagene Erweiterung der *ULEZ* umgesetzt werden sollte, beinahe doppelt so hoch war wie die der Gegner dieser Maßnahme.

Bei der Abwägung der verschiedenen Optionen waren die steigenden Lebenshaltungskosten ein entscheidender Faktor. Dabei würde ich immer dem Ansatz den Vorzug geben, der sich auf das Problem der Luftverschmutzung am meisten und auf die Geldbörsen der Londoner am geringfügigsten auswirkte. Nach einer Gegenüberstellung von erwartbaren Auswirkungen und Kosten war klar gewesen, dass die Ausweitung der *ULEZ* die beste Option darstellte. Unsere entsprechenden Planungen dafür hatte ich im November 2022 entworfen. Parallel dazu hatte ich die Einführung unseres bislang größten Abwrackpro-

---

* *YouGov*: ein im Jahr 2000 gegründetes britisches Markt- und Meinungsforschungsinstitut mit Sitz in London (Anm. d. Ü., Quelle: Wikipedia).

gramms angekündigt – zum damaligen Zeitpunkt mit einem Budget in Höhe von 110 Millionen Pfund –, um Londoner mit niedrigerem Einkommen oder mit einer Behinderung sowie Kleinbetriebe und Wohltätigkeitsorganisationen dabei zu unterstützen, ihre Fahrzeuge, die die Anforderungen der *ULEZ* nicht erfüllten, zu verschrotten bzw. nachzurüsten. Sämtliche Einkünfte aus der *ULEZ* würden in den öffentlichen Nahverkehr zurückfließen und beispielsweise zur Finanzierung der größten Erweiterung des Busnetzes in den Londoner Außenbezirken, die es je gegeben hatte, verwendet werden.

Die *ULEZ* auf ganz London auszuweiten, war keine leichte Entscheidung. Am einfachsten wäre es gewesen, nichts zu tun und das Problem auf die lange Bank zu schieben, indem man ein weit in der Zukunft liegendes Datum für die Umsetzung vorschlug. Aber letzten Endes wusste ich, dass die öffentliche Gesundheit gegenüber einer politischen Zweckdienlichkeit Vorrang haben musste. Viel zu oft haben wir erlebt, dass Maßnahmen im Kampf gegen die Luftverschmutzung und die Klimakrise hinausgezögert wurden (im Vereinigten Königreich und weltweit), weil sie als zu hart oder als politisch ungünstig betrachtet wurden. Aber wenn Menschenleben auf dem Spiel stehen und wir uns mit einer Klimakrise konfrontiert sehen, gilt es, keine Zeit zu vergeuden. Die Kosten einer Tatenlosigkeit – für unsere Wirtschaft, die Existenzgrundlagen, die Umwelt und die Gesundheit der Londoner Bevölkerung – wären viel zu hoch.

Ich war zu der Auffassung gelangt, dass die Erweiterung der *ULEZ* für unsere Stadt genau die richtige Entscheidung war und sie uns dabei helfen würde, unsere Bemühungen um ein besseres, grüneres, gerechteres und gesünderes London für alle fortzusetzen. Dennoch glaube ich nicht, dass ich mir vollkommen darüber im Klaren war, als wie schwierig sich die Umsetzung dieser politischen Maßnahme erweisen sollte.

Das fünfte Kapitel dieses Buches trägt den Titel »Feindseligkeit«. Es nimmt Bezug auf die Tatsache, dass man, obwohl die britische Öffentlichkeit den Klimawandel als ein schwerwiegendes Problem betrachtet, den Eindruck gewinnen könnte, dass es sich dabei um ein äußerst kontroverses Thema handelt und große Teile der Gesellschaft einem konsequenten Handeln ablehnend gegenüberstehen. Warum? Weil es – wie ich es selbst erlebt habe – eine kleine, aber häufig sehr lautstarke Gruppe von Menschen gibt, die Meinungen zum Thema Klima äußern, die nicht besonders weitverbreitet sind (bzw. waren). In Kombination mit den sozialen Medien, in denen die Algorithmen so gestaltet sind, dass negative Nachrichten verstärkt und diese dann von den Mainstreammedien aufgegriffen werden, ergibt das eine toxische Mischung – eine, die dafür sorgt, dass Politiker nervös werden und vor einem entschlossenen Handeln zurückschrecken.

Seit der Erstveröffentlichung meines Buches war dies das Kapitel, das ich an den meisten Tagen durchlebt habe. Radiointerviews mit Hörerbeteiligung wurden von einer kleinen Gruppe von Menschen gekapert – der lautstarken Minderheit –, die jedes Mal, wenn sie auf den sozialen Medien sahen, dass ich bei einer Rundfunksendung zu Gast sein würde, die Leitungen mit ihren Fragen überschwemmten. Sie tauchten auch persönlich auf, wann immer sie konnten – im Rathaus, bei Veranstaltungen überall in London, wo ich eine Rede halten sollte, und, wie beschrieben, bei der Präsentation dieses Buches.

Dagegen hatte ich auch gar nichts. Das Recht der freien Meinungsäußerung ist wesentlicher Bestandteil einer Demokratie. Verstehen Sie mich bitte nicht falsch, aber es war ermüdend, insbesondere für diejenigen Londoner, die ihre Zeit dafür geopfert hatten, eine Veranstaltung zu besuchen oder eine Sendung zu hören, nur damit diese jedes Mal aufs Neue von derselben kleinen Gruppe von Leuten in Beschlag genommen wurde. Aber auch das gehörte zum Leben in einer freien Gesellschaft dazu.

Doch als polizeiliche Erkenntnisse Verbindungen zwischen einzelnen Personen aus diesen Gruppen und denen der extremen Rechten feststellten, mussten meine Mitarbeitenden und die Polizei diese Angelegenheit ernst nehmen. Nehmen wir zum Beispiel *People's Question Time*, eine regelmäßig stattfindende Veranstaltung im »Town-Hall«-Stil, an der ich teilnehme. Im März 2023 machte sie in Ealing in West London Station. Im Publikum saßen etwa 500 Menschen, darunter um die 50 *ULEZ*-Gegner aus dem ganzen Land. Einige der Demonstranten außerhalb der Town-Hall-Runde waren vor der Veranstaltung mit Plakaten gesehen worden, auf denen eine »UN-Agenda« zitiert und behauptet wurde, dass die Erweiterung das »Ende der Bewegungsfreiheit« bedeutete. Es gab Corona-Leugner und Impfgegner. Eines der Plakate zeigte mich neben einem Hakenkreuz, ein anderes mit dem Hammer-und-Sichel-Emblem – was mich darüber zum Nachdenken brachte, der Zugehörigkeit zu welcher Ideologie genau ich eigentlich beschuldigt wurde. Ein weiteres Plakat zeigte einen Pseudo-Sarg mit meinem Namen darauf.

Die Veranstaltung wurde durch das anhaltende Gebrüll einiger Mitglieder derselben Gruppe beherrscht, die später auch ins Southbank Centre kommen sollte. Aber dieses Mal beschloss ich, dass es wichtig war, diese Gruppe öffentlich anzuprangern. Ich sagte, dass, während einige Menschen durchaus berechtigte Einwände in Bezug auf die *ULEZ* hätten, auf die wir weiterhin eingehen würden, einige der draußen Protestierenden einer rechtsextremen Gruppierung angehörten. Das kam bei Teilen des Publikums bzw. den anwesenden Politikern der Tory-Partei nicht gut an, die sich den Protestierenden zugunsten ihrer eigenen politischen Zwecke angeschlossen hatten. Auf Anraten der Polizei musste ich nach Ende der Veranstaltung noch eine Weile in der Garderobe verbleiben; für meine Abfahrt kam sogar ein Ablenkungswagen zum Einsatz.

Als die nächste *People's-Question-Time*-Runde anstand, war wieder dieselbe Gruppe von Gegnern anwesend. Dieses Mal rief ein Mann, dass man mich in vergangenen Jahrhunderten »an den Galgen gehängt« hätte. Mitarbeitende wurden rassistisch beleidigt, und eine Person wurde festgenommen. In solchen Momenten tat mir mein Team wirklich leid: Während ich unter Polizeischutz weggebracht wurde, mussten sie auf sich selbst gestellt mit dem Bus oder der U-Bahn nach Hause fahren und waren dabei oft Beschimpfungen ausgesetzt.

Von diesem Zeitpunkt an wurde alles nur noch schlimmer. Die Gruppe begann, vor meinem Haus aufzutauchen und meine Frau und meine Töchter ins Visier zu nehmen. Mehrere Tage lang war ein Wohnwagen in der Nähe meines Zuhauses angekettet, der mit Slogans und Bildern bedeckt war, darunter auch Hakenkreuze. Mit der Post kam ein an mich adressierter Brief, der eine Gewehrkugel enthielt. Einmal erhielten Saadiya und ich eine Osman-Warnung: ein offizielles Schreiben sowie eine persönliche Instruktion durch die britische Polizei, die jemand erhält, wenn es Informationen darüber gibt, dass eine unmittelbare Bedrohung für das Leben dieser Person besteht, aber nicht genügend Beweise vorliegen, die eine Festnahme des potenziellen Straftäters durch die Polizei rechtfertigen würden.

Ungefähr zur selben Zeit wurden auch die sozialen Medien in Bezug auf die *ULEZ* immer bösartiger. Eine von dem auf Social-Media-Analysen spezialisierten Unternehmen *Valent* durchgeführte Studie gelangte zu der Schlussfolgerung, dass es Hinweise gebe auf »eine weitreichende Online-Kampagne, die darauf abzielt, die Unterstützung der Ultra-Niedrigemissionszone *(ULEZ)* zu untergraben«. *Valent* hatte herausgefunden, dass 48 Prozent der Twitter- bzw. X-Accounts, in denen die *ULEZ* erwähnt wurde, erst nach November 2022 erstellt worden waren, und dass etwa 90 Prozent davon »Anzeichen unechter Accounts aufwiesen«, da sie generische Namen verwendeten und einen hohen Anteil falscher Follower hatten. Diese Accounts – »Spreader« genannt – wurden in erster Linie dazu verwendet, um gegen die *ULEZ* gerichtete Tweets echter Menschen oder Gruppen, die gegen den Ausbau der *ULEZ* waren, weiterzuleiten. Das Ziel bestand laut Fazit der Medienexperten darin, »Tausende von Accounts zu haben, die gegen die *ULEZ* gerichtete Inhalte in die Timelines der Nutzer befördern«. *Valent* schätzte die Kosten dieser X-Kampagne auf mindestens 168.000 Pfund. Woher das Geld stammte, war jedoch unklar.

Als der 29. August 2023 immer näher kam, der Tag, an dem die *ULEZ*-Erweiterung in Kraft treten sollte, erreichten die Dinge ihren Gipfelpunkt. Aber im Rathaus bewahrten wir weiterhin die Ruhe. Da wir sowohl den Start der *ULEZ* im Stadtzentrum als auch deren darauf folgende Erweiterung auf die gesamte Innenstadt miterlebt hatten, wussten wir, dass die Bedenken seitens der Bevölkerung, die kurz vor der Einführung so zahlreich geäußert wurden wie nie zuvor, im Wesentlichen auf ein mangelndes Verständnis des Projekts an sich und darüber, wer die Gebühr würde zahlen müssen, zurückzuführen waren. Wir wussten, dass neun von zehn Autos die Norm erfüllten und dass die große Mehrzahl derer, die glaubten, davon betroffen zu sein, bald feststellen würden, dass das nicht der Fall war.

Mit einer parlamentarischen Nachwahl hatte ich allerdings nicht gerechnet. Am 12. Juni 2023 legte der frühere Bürgermeister und ehemalige Premierminister Boris Johnson sein Abgeordnetenmandat nieder, und in Uxbridge wurde für den 20. Juli eine Nachwahl anberaumt. Mir war sofort klar, was das für uns bedeutete. In gewisser Hinsicht waren das großartige Neuigkeiten. Die Öffentlichkeit hatte die Nase voll von Boris Johnson, und von Anfang an sendete die Labour-Partei deutliche Signale, dass ein Gewinn dieses Wahlkreises für sie möglich war. Aber bislang hatten wir diesen Sitz nie erobern können, nicht einmal bei Tony Blairs erdrutschartigem Sieg im Jahr 1997. Noch dazu lag er in einem traditionell sehr starken Tory-Gebiet in London. Ich hatte Bedenken, dass es nicht nur ziemlich schwierig werden könnte, diesen Sitz zu gewinnen, sondern auch, dass die Menschen die *ULEZ* dafür verantwortlich machen würden, wenn wir uns das Mandat nicht holten, woraus letztlich die falschen Schlüsse gezogen werden könnten.

Mein Team und ich boten unsere Unterstützung an, wo immer wir konnten. Ich kannte den Labour-Kandidaten Danny Beales, der Ratsmitglied in Camden war und von dem ich erwartete, dass er sich für das Projekt einsetzen würde. Doch trotz der ursprünglichen Befürwortung der *ULEZ* beschloss die Labour-Partei auf halber Strecke des Wahlkampfs, sich davon zu distanzieren, mit der Behauptung, dies sei »nicht der richtige Zeitpunkt« für eine Erweiterung. Ich fand mich in einer merkwürdigen Position wieder: ein Labour-Bürgermeister, der eine Labour-Kampagne unterstützte, die sich von einer der wesentlichsten politischen Labour-Maßnahmen in der Stadt distanzierte. Trotz zuversichtlicher Lageeinschätzung im Sinne eines Labour-Erfolges sollte sich in den Stunden nach der Abstimmung erweisen, dass die Konservativen den Sitz mit einem Vorsprung von 495 Stimmen verteidigen konnten, während 893 der Wähler in Uxbridge die Grünen gewählt hatten.

Mir war zwar bewusst, dass die folgenden Tage hart werden würden, aber dass es so schlimm kommen würde, hatte ich nicht erwartet. Ich hatte dabei zugesehen, wie der Tory-Kandidat die *ULEZ* in seiner Siegesrede erwähnt hatte, und daraufhin mit allerhand Berichterstattung gerechnet, die sich auf diese politische Maßnahme konzentrieren würde, doch wie heftig diese ausfallen sollte, hatte ich nicht geahnt. Am Freitagmorgen verließ ich früh das Haus, da ich gemeinsam mit dem Comedian Romesh Ranganathan eine große Kampagne gegen Frauenfeindlichkeit an den Start bringen sollte. In der ersten Frage, die die Presse an mich richtete, ging es um meine Reaktion auf die Stellungnahme der Labour-Partei angesichts der Nachwahl in Uxbridge.

Ich wusste zwar, dass sich der Labour-Vorsitzende Keir Starmer für die Verbesserung der Luftqualität einsetzte, aber im Laufe des Wochenendes berichteten die Nachrichten immer wieder über Kritik an der *ULEZ*-Erweiterung vonseiten einiger Freunde und Labour-Kollegen. Das waren ein paar schwierige Tage, und ich werde diejenigen nie vergessen, die sich bei mir gemeldet haben, um mir ihre Unterstützung zu signalisieren, sowohl in der Öffentlichkeit als auch im privaten Bereich. Doch ich machte mir nicht nur um London und die Labour-Partei Sorgen. Seit Monaten hatten mir Bürgermeister aus aller Welt immer wieder gesagt, dass sie die Entwicklungen rund um die *ULEZ* im Auge behielten: Sollte ich infolge ihrer Einführung nicht wiedergewählt werden, würden sie erwägen, ihre eigenen ehrgeizigen umweltpolitischen Vorhaben auf Eis zu legen oder zu stoppen, da sie diese als Wählergift betrachteten. In meinen melodramatischeren Momenten befürchtete ich, dass all diese sehr öffentlichen Angriffe auf die *ULEZ* die Gesundheit der Großstadtbewohner gefährdeten, und zwar nicht nur in London, sondern überall auf der Welt.

Von diesem Augenblick an war klar, dass die Bürgermeisterwahl im Mai 2024 der Kampf unseres Lebens sein würde. Da die konservative Regierung das Wahlsystem zu ihren Gunsten geändert hatte, war uns ohnehin bewusst, dass uns ein harter Wahlkampf bevorstand: Zum allerersten Mal würde das Mehrheitswahlrecht zur Anwendung kommen. Traditionell hatte ich davon profitiert, dass ich von Wählern der Grünen, Liberaldemokraten und anderer Mitte-Links-Parteien die Zweitstimme erhalten hatte, doch dieses Mal hätten die Londoner nur eine einzige Stimme, und der Kandidat mit den meisten Stimmen würde gewinnen. Außerdem wurde die obligatorische Vorlage eines Lichtbildausweises eingeführt, was einigen der Menschen, die am ehesten für mich stimmen würden, das Wahlrecht entzog – den Jüngeren, den Einkommensschwachen sowie Persons of Color.*

Hauptversprechen meines Tory-Gegners war es, »die *ULEZ* an Tag eins abzuschaffen«, und die Luftqualität stand im Vordergrund des Wahlkampfs. Bei meinem Besuch in Harrow war der gesamte Bezirk von Flugblättern übersät, auf denen behauptet wurde, dass ich die Einführung einer Straßennutzungsgebühr plante, deren Höhe sich nach der Anzahl der gefahrenen Kilometer errechnete, obwohl ich das wiederholt ausgeschlossen hatte. Die Ironie war, dass sich die *ULEZ* als derart erfolgreich erwiesen hatte, dass ein solches Modell gar nicht mehr notwendig war.

Als schließlich der Wahltag anstand, war mein Team nervös – aber auch vorsichtig optimistisch. Denn trotz der Wellen von Fehlinformationen, Kritik und sogar Beleidigungen lagen die Fakten auf der Hand: Die von uns ergriffenen Maßnahmen zeigten Wirkung. Seit meiner Wahl zum Bürgermeister im Jahr 2016 war die Gesamtkonzentration von Luftschadstoffen in Londons Zentrum um 65 Prozent, in der Innenstadt um 53 Prozent und in den äußeren Stadtbezirken um 45 Prozent zurückgegangen. Die Schadstoffbelastung durch gefährliche Stickoxide an den Straßenrändern war 2023 sogar niedriger als während der Pandemie, als sich unsere Stadt im Lockdown befand. In ganz London war die Zahl der Luftquali-

* Im Vereinigten Königreich besteht derzeit weder eine Ausweis-, noch eine Mitführpflicht, und es existieren keine Personalausweise. Die meisten Briten nutzen Reisepass oder Führerschein (bis 1998 ohne Foto), um sich auszuweisen. Zudem gibt es freiwillige *Age Cards*, die als Altersnachweis für den Erwerb altersbeschränkter Produkte dienen (Anm. d. Ü., Quelle: Wikipedia).

tätsüberwachungsstationen, die Stickoxidwerte oberhalb der in Großbritannien rechtlich zulässigen Grenzwerte erfassten, von 56 im Jahr 2016 auf fünf gesunken. Und all das, obwohl sich unsere Bevölkerung um mehr als eine Million Menschen vergrößert hatte.

Der Wahltag – Donnerstag, der 2. Mai 2024 – war ein langer Tag, der in den frühen Morgenstunden mit einem gewaltigen Gewitter begann. Kein gutes Zeichen. Als ich zum Wahllokal ging, hatte es aufgehört zu regnen, und ich begann meine übliche Wahltagsroutine – wie immer gehörte ein Ausflug zu *Dunns Bakery* in Crouch End dazu. Dieses Mal hatten sie sich sogar geweigert, überhaupt Donuts mit dem Konterfei meines Tory-Gegners zu backen! 42.000 Schritte später ging ich in Erwartung eines bangen Freitags nach Hause und in mein Bett, bevor ich mich am Samstag zur Verkündung der Ergebnisse ins Rathaus begab.

Als ich am Rathaus eintraf, schien die Sonne und ich war guten Mutes. Dennoch hätte ich niemals geahnt, was dann passieren sollte. In den darauffolgenden Stunden schrieben die Londoner nicht nur deshalb Geschichte, weil sie einen Bürgermeister zum dritten Mal in Folge gewählt hatten, sondern es handelte sich dabei auch noch um einen erdrutschartigen Sieg. Das Gesamtergebnis offenbarte einen nie dagewesenen Wählerumschwung zu meinen Gunsten, wobei die Gesamtstimmenzahl die zweithöchste in der britischen Wahlgeschichte darstellte. (Ich verzeihe der Person, die hier den Spitzenplatz einnimmt: also mir selbst – bei der Bürgermeisterwahl von 2016!) Und ein weiterer Grund, London zu lieben: Count Binface schlug die extreme Rechte in Gestalt von Britain First mit einem komfortablen Vorsprung.

Doch die größte Errungenschaft von allen? Dass ich hier als Bürgermeister sitze und Millionen von Londonern eine sauberere Luft atmen. Während ich dies schreibe, bin ich auf Einladung des Papstes auf dem Weg nach Rom – um bei einer vom Vatikan organisierten Konferenz zu sprechen, bei der es um den Kampf gegen den Klimawandel geht.

London hat wahrlich eine Botschaft in die Welt ausgesendet. Über das Klima zu sprechen und beherzte Maßnahmen zu ergreifen, ist alles andere als politischer Selbstmord. Man kann die Klimapolitik nutzen, um damit Wahlen zu gewinnen. Und Londons Geschichte, diese Geschichte – meine Geschichte – zeigt auf, wie.

Dank

Die Reise, die mich zum Bürgermeister meiner Heimatstadt London gemacht hat, war eine Achterbahnfahrt, die drei Parlamentswahlen in einem umkämpften Wahlkreis ebenso umfasste wie die Kür zum Kandidaten der Labour-Partei, bei der ich mich gegen einige beachtliche Gegner durchsetzen musste, gefolgt von zwei intensiven Bürgermeisterwahlkampagnen. Ohne meine hervorragenden Wahlkampfteams und freiwilligen Helfer – zuerst in Tooting, dann in der ganzen Stadt – wäre ich jetzt nicht Bürgermeister der großartigsten Stadt der Welt und hätte die Veränderungen, die ich in diesem Buch beschrieben habe, niemals in die Tat umsetzen können.

Als ich den Anwaltsberuf zugunsten der Politik aufgab und zum Parlamentsabgeordneten für Tooting gewählt wurde, bin ich mit einer kleinen Mannschaft aus vier Personen an den Start gegangen. Diese Zahl wuchs auf zwanzig an, als ich um die Labour-Kandidatur für das Bürgermeisteramt kämpfte, um sich dann während des eigentlichen Wahlkampfs noch einmal zu verdoppeln. Und dann war ich im Rathaus angekommen. Ich erinnere mich noch, dass ich an jenem ersten Tag, als ich vom Erdgeschoss unseres neunstöckigen Gebäudes zu den Menschen sprach und dabei zu den Hunderten von Mitarbeitenden hochsah, die sich in den oberen Stockwerken versammelt hatten, dachte: »Wow, das ist ja schnell eskaliert!« Ich hatte zwar eine ziemlich genaue Vorstellung davon, was ich als Bürgermeister erreichen wollte, doch hatte ich weder damit gerechnet noch geahnt, welch Reichtum an

Talenten mich im Rathaus erwartete. Ein besonderer Dank muss an alle meine stellvertretenden Bürgermeister adressiert werden; in puncto Klima haben Shirley Rodrigues, Val Shawcross, Heidi Alexander und Seb Dance eine besonders wichtige Rolle dabei gespielt, unsere Stadt für immer zu verändern. Das bei der Umsetzung unserer Klimamaßnahmen in die Praxis von den Mitarbeitenden der Londoner Verkehrsgesellschaft *Transport for London* unter Beweis gestellte Niveau an Kompetenz, Sachverstand und Innovation zeigt, warum wir überall auf der Welt um unser Verkehrssystem beneidet werden. Die Londoner Stadtregierung ist leider mit zu vielen unbekannten Helden gesegnet, um sie alle an dieser Stelle zu erwähnen – doch ich muss Elliot Treharne aus dem Rathausteam für seine Leidenschaft, sein Engagement und seine einzigartige Fähigkeit danken, die technischen Details von Arbeitsunterlagen mit Leben zu erfüllen. Shirley und Elliot: Eure Arbeit hat Leben gerettet.

Im Laufe der Jahre sind viele Kollegen zu meinen besten Freunden geworden, und ich bin nicht nur für ihr Können dankbar, das sie in unsere Hauptstadt eingebracht haben, sondern auch für die Liebe und Wärme, die meine Leitungsteams sowohl vor als auch nach dem Einzug ins Rathaus an den Tag gelegt haben. Mein Stabschef David Bellamy stand an der Spitze dessen, was ich als meine Mannschaft »der ersten Stunde« bezeichne, und verdient für seinen unermesslichen Dienst an unserer Stadt wahre Anerkennung. Besonders dankbar bin ich sowohl meinem ehemaligen Spitzenteam – Nick Bowes, Paddy Hennessy, Leah Kreitzman und Jack Stenner – als auch meinem jetzigen Spitzenteam – Felicity Appleby, Sarah Brown und Richard Watts. Joy Adeyemo und Nadeem Javaid sind zwei weitere Mitarbeitende »der ersten Stunde«, ohne deren unschätzbare Unterstützung und Beratung ich verloren wäre. Abgesehen davon, dass Sarah Coombes ein wesentlicher Bestandteil meiner Rathausmannschaft ist, waren ihr

Rat und ihre Sachkenntnis im Hinblick auf dieses Buch von großem Wert.

Dieses Buch ist ein Herzensprojekt, entstanden außerhalb meiner Dienstzeit. Jemand, der die ganze Zeit über an meiner Seite war, so wie bereits in den vergangenen zehn Jahren, war Ali Picton. Ohne sie wäre dieses Buch schlichtweg nicht geschrieben worden. Ich bin dankbar für die Gespräche, SMS und E-Mails, oft bis spät in die Nacht und an den Wochenenden. Ihre Arbeitsmoral hat dafür gesorgt, dass ich am Ball geblieben bin, und ihrem trockenen Humor ist es zu verdanken, dass ich noch bei Verstand bin.

Wie in diesem Buch ausgeführt, habe ich mich erst relativ spät mit dem Klimawandel auseinandergesetzt. Viele Politiker haben lange vor mir den Weg gebahnt – allen voran mein guter Freund, der Parlamentsabgeordnete Ed Miliband. Im Laufe der Jahre bin ich zahlreichen inspirierenden Klimaaktivisten aus allen gesellschaftlichen Schichten begegnet. Mike Bloomberg bewirkt in diesem Bereich weiterhin spürbare und auf globaler Ebene führende Veränderungen, ebenso wie meine Amtskollegen überall auf der Welt – viele von ihnen erwähne ich in diesem Buch. Am meisten Mut haben mir wahrscheinlich die jüngeren Aktivistinnen gemacht, denen ich begegnet bin – von Vanessa Nakate bis hin zu Hilda Flavia Nakabuye. Meine besondere Anerkennung gilt Rosamund Kissi-Debrah, Sophia und Robert Kissi-Debrah, Jenny Bates, Anna Beech, Siân Berry, Simon Birkett, Jane Burston, Jocelyn Cockburn, Dr. Tom Coffey, Dr. Gary Fuller, Baronin Jenny Jones, Professor Frank Kelly, Professor Kevin Fenton, Andrea Lee, Oli Lord, Martin Machray, Anjali Raman-Middleton, Professor Jonathan Grigg, Professor Stephen Holgate, Dr. Maria Neira, Caroline Russell, Ashok Sinha, Dr. Colin Wallis, Mark Watts, Sarah Woolnough und Jemima Hartshorn.

Wenn man als Politiker zusagt, an einem Abendessen teilzunehmen, und dann neben jemandem platziert wird, den man nicht allzu gut kennt, kann das ein kleines Glücksspiel sein. Häufig erlebt man dabei entweder einen sehr langweiligen oder aber einen äußerst spannenden Abend. Als ich vor ein paar Jahren bei einer Veranstaltung neben Jonny Geller saß, war glücklicherweise unbedingt Letzteres der Fall, und es ist mir eine Freude, bei der Veröffentlichung dieses Buches von Jonny und seiner Agentur Curtis Brown vertreten zu werden. Die Tatsache, dass ich nun behaupten kann, mir mit Bono denselben Agenten zu teilen, spielte bei dieser Entscheidung nur eine untergeordnete Rolle – versprochen. Dem gesamten Team von Curtis Brown, einschließlich Ciara Finan und Viola Hayden, gebührt großer Dank für ihren Beitrag zur Verwirklichung dieses Buches.

Ich fuhr gerade mit dem Zug zur UN-Klimakonferenz nach Glasgow, als ich eine SMS von Jonny bekam, in der er mir mitteilte, dass Helen Conford von Hutchinson Heinemann an dem Buch interessiert sei und unbedingt mehr darüber erfahren wolle. Da sie selbst seit Langem eine Vorkämpferin für den Klimaschutz ist, hätte ich mir für dieses Buch keine bessere Verlegerin wünschen können, und für ihre Hilfe beim Entwurf einer ersten Fassung bin ich ihr besonders dankbar. Dass Rowan Borchers als Herausgeber zu uns stieß, bedeutete bahnbrechende Impulse: Ohne seine ehrliche Kritik, sein literarisches Talent und sein politisches Urteilsvermögen wäre dieses Buch nicht, was es heute ist. Das gesamte Team von Penguin Random House verdient höchste Anerkennung, wobei mein besonderer Dank an Olivia Allen, Meredith Benson, Alice Brett, Najma Finlay, Ania Gordon, Laurie Ip Fung Chun, Isabelle Ralphs, Jason Smith, Mat Watterson und Lydia Weigel geht.

Zu guter Letzt gilt mein allerwichtigster Dank meiner Familie. Ich habe das Glück, die besten Geschwister zu haben, die man sich nur wünschen kann. Unseren wunderbaren Vater haben wir viel zu früh verloren, doch dafür sind wir mit unserer Mutter und ihren wundervollen Schwiegertöchtern und fantastischen Enkelkindern gesegnet. An meine Schwiegereltern: Danke, dass ihr mich immer so sehr unterstützt habt. Ich hoffe, ihr bedauert nicht, dass Saadiyas Wahl vor all den Jahren auf mich gefallen ist!

An meine Frau Saadiya: Ohne dich wäre ich nicht da, wo ich heute bin. Deine Liebe, Ermutigung und dein Verständnis machen mich zu dem Mann, der ich bin und der ich sein möchte. Ich liebe dich. An meine Töchter Anisah und Ammarah: Der ausschlaggebende Grund, weshalb mir die Bekämpfung der Klimakrise so am Herzen liegt, ist, dass wir entweder die letzte Generation sein können, die es nicht »kapiert«, oder aber die erste Generation, die die Problematik wirklich begreift und entsprechend handelt. Ich weiß, dass es nicht immer leicht ist, mich zum Vater zu haben. Die in diesem Buch dargelegten Argumente habe ich zusammengetragen, weil ich für die nächste Generation eine bessere Zukunft schaffen will – das Buch ist daher für euch.

Anmerkungen

Vorwort: Ellas Geschichte

1 Rootman, Lukas; Saynor, Esme und Mahmood, Kaleem: *Air Quality – High Court Order for an inquest to be re-heard to consider impact of air pollution*, CMS Cameron McKenna Nabarro Olswang LLP, 14. Januar 2020: https://www.lexology.com/library/detail.aspx?g=d82592f0-a5fa-478c-a8aa-cdec7b766d9f

2 Marshall, Claire: »Illegal levels of air pollution linked to child's death«, in: *BBC News*, 3. Juli 2018: https://www.bbc.co.uk/news/science-environment-44612642

3 Kissi-Debrah, Rosamund: »Air pollution killed my daughter – and now I can prove it«, in: *The Guardian*, 31. August 2018: https://www.theguardian.com/commentisfree/2018/aug/31/proof-air-pollution-killed-my-daughter-ella-new-inquest

4 Weltgesundheitsorganisation: *Billions of people still breathe unhealthy air: new WHO data*, Weltgesundheitsorganisation, 4. April 2022: https://www.who.int/news/item/04-04-2022-billions-of-people-still-breathe-unhealthy-air-new-who-data

5 UNICEF Press Release: Air pollution accounted for 8.1 million deaths globally in 2021, becoming the second leading risk factor for death, including for children under five years. Comprehensive new report details health impacts of air pollution, which has moved ahead of tobacco and poor diet as a risk factor for death, 18. Juni 2024: https://www.unicef.org/press-releases/air-pollution-accounted-81-million-deaths-globally-2021-becoming-second-leading-risk (Zahlen und Quelle wurden aktualisiert, Anm. d. Ü.).

6 Weltgesundheitsorganisation: *WHO releases country estimates on air pollution exposure and health impact*, Weltgesundheitsorganisation, 27. September 2016: https://www.who.int/news/item/27-09-2016-who-releases-country-estimates-on-air-pollution-exposure-and-health-impact

7 Perera, Frederica: »Pollution from Fossil-Fuel Combustion is the Leading Environmental Threat to Global Pediatric Health and Equity:

Solutions Exist«, in: *International Journal of Environmental Research and Public Health* 15 (1), Januar 2018: https://www.ncbi.nlm.nih.gov/pmc/articles/PMC5800116

Hindernis 1: Fatalismus

1 HM Treasury: *Public spending statistics: February 2022*, HM Treasury, 25. Februar 2022: https://www.gov.uk/government/statistics/public-spending-statistics-release-february-2022/public-spending-statistics-february-2022
2 Mulholland, Hélène: »Boris Johnson raises doubts over government's deficit reduction plan«, in: *The Guardian*, 6. September 2010: https://www.theguardian.com/politics/2010/sep/06/boris-johnson-doubts-deficit-reduction
3 BBC News: »C-charge zone's scrapping ›is right‹ – Boris Johnson«, in: *BBC News*, 22. Dezember 2010: https://www.bbc.com/news/uk-england-london-12064577; Johnson, Boris: »Keep on truckin', folks – you've already won«, in: *The Telegraph*, 2. November 2000: https://www.telegraph.co.uk/comment/4256411/Keep-on-truckin-folks-youve-already-won.html; Johnson, Boris: »I can't stand this December heat, but it has nothing to do with global warming«, in: *The Telegraph*, 20. Dezember 2015: https://www.telegraph.co.uk/news/weather/12060976/I-cant-stand-this-December-heat-but-it-has-nothing-to-do-with-global-warming.html
4 Redfield & Wilton Strategies Research Team: »Environmental Pessimism in Britain«, in: *Redfield & Wilton Strategies*, 10. August 2022: https://redfieldandwiltonstrategies.com/environmental-pessimism-in-britain
5 Ipsos: »Climate fatalism grips young people worldwide while the urgency for solution-oriented media grows«, in: *Ipsos*, 10. November 2021: https://www.ipsos.com/en-uk/climate-fatalism-grips-young-people-worldwide-while-urgency-solution-oriented-media-grows
6 Barber, Benjamin R.: *If Mayors Ruled the World: Dysfunctional Nations, Rising Cities*, Yale University Press, 2013.
7 Ebd., S. 90: »A preference for pragmatism and problem solving over ideology and principled grandstanding is a second feature of successful mayors.«
8 Alden, William: »Mayors To Washington: Stop Fooling Around, Help Us Create Jobs«, in: *HuffPost*, 30. April 2011: https://www.huffpost.com/entry/mayors-cities-federal-aid-stimulus_n_855903
9 OECD: *Building Trust to Reinforce Democracy: Main Findings from the 2021 OECD Survey on Drivers of Trust in Public Institutions*, OECD,

13. Juli 2022: https://www.oecd.org/en/publications/building-trust-to-reinforce-democracy_b407f99c-en.html

10 Clark, Tom: »London offers Labour chance of big gains at general election, says poll«, in: *The Guardian*, 27. März 2015: https://www.theguardian.com/politics/2015/mar/27/london-labour-gains-general-election-poll

11 Goldsmith, Zac: »On Thursday, are we really going to hand the world's greatest city to a Labour party that thinks terrorists is its friends?«, in: *The Mail on Sunday*, 1. Mai 2016: https://www.dailymail.co.uk/debate/article-3567537/On-Thursday-really-going-hand-world-s-greatest-city-Labour-party-thinks-terrorists-friends-passionate-plea-ZAC-GOLDSMITH-four-days-Mayoral-election.html

Hindernis 2: Apathie

1 YouGov/Mayor of London Survey Results: 21.–24. November 2016

2 Mortimer, Caroline: »Boris Johnson accused of burying report on the number of deprived schools in London's most polluted areas«, in: *Independent*, 16. Mai 2016: https://www.independent.co.uk/climate-change/news/boris-johnson-accused-of-burying-report-on-the-number-of-deprived-schools-in-london-s-most-polluted-areas-a7033016.html

3 Mayor of London: *Hundreds of London schools exceed legal air quality levels*, Mayor of London, 1. Juli 2016: https://www.london.gov.uk/press-releases/mayoral/hundreds-of-schools-exceed-air-quality-limits

4 Daniel Gilbert: »Global Warming and Psychology«, in: *Harvard Thinks Big 2010*, 21. März 2010: https://vimeo.com/10324258

5 Ramaswamy, Chitra: »Interview: Tony Benn – ›I see myself as an old man and an unqualified teacher to the nation‹«, in: *The Scotsman*, 20. August 2012: https://www.scotsman.com/news/politics/interview-tony-benn-i-see-myself-as-an-old-man-and-an-unqualified-teacher-to-the-nation-2462109

6 Kolbert, Elizabeth: »Postscript: Mario Cuomo (1932–2015)«, in: *The New Yorker*, 1. Januar 2015: https://www.newyorker.com/news/news-desk/postscript-mario-cuomo

7 »If you could see London's air, you'd want to clean it too.«

8 *New proposals to improve air quality: consultation and information document*, Oktober 2016: https://content.tfl.gov.uk/appendix-i-ULEZ-2016.pdf

Hindernis 3: Zynismus

1 Quilter-Pinner, Harry/Statham, Rachel/Jennings, Will/Valgarsson, Viktor: *Trust Issues: Dealing with Distrust in Politics*, Institute for Public Policy Research, Dezember 2021: https://www.ippr.org/research/publications/trust-issues

2 Heydecker, Rachel/Ormston, Hannah/Wallace, Jennifer: *GDWe: A spotlight on democratic wellbeing*, Carnegie UK, Januar 2022: https://www.carnegieuktrust.org.uk/publications/gdwe-a-spotlight-on-democratic-wellbeing

3 Office for National Statistics: *Three-quarters of adults in Great Britain worry about climate change*, Office for National Statistics, 5. November 2021: https://www.ons.gov.uk/peoplepopulationandcommunity/wellbeing/articles/

Hindernis 4: Prioritätenverschiebung

1 Vgl.: https://www.sueddeutsche.de/politik/profil-rory-stewart-1.4799988 sowie https://www.theguardian.com/politics/2020/feb/14/comekipwith-me-2000-londoners-take-up-rory-stewarts-offer (Anm. d. Red.).

2 Mason, Rowena: »David Cameron at centre of ›get rid of all the green crap‹ storm«, in: *The Guardian*, 21. November 2013: https://www.theguardian.com/environment/2013/nov/21/david-cameron-green-crap-comments-storm

3 Brown, Richard: »Funding London's transport in the aftermath of coronavirus«, in: *Centre for London*, 30. März 2020: https://www.centreforlondon.org/blog/funding-london-transport

4 Aitkenhead, Decca: »Sadiq Khan on his struggles during lockdown in London«, in: *The Sunday Times*, 20. Juni 2020: https://www.thetimes.co.uk/article/interview-sadiq-khan-on-his-struggles-during-lockdown-in-london-8msxmord2

5 Allam, Zaheer/Bibri, Simon Elias/Chabaud, Didier/Moreno, Carlos: »The ›15-Minute City‹ concept can shape a net-zero urban future«, in: *Nature*, 8. April 2022: https://www.nature.com/articles/s41599-022-01145-0 (Siehe auch: Moreno, Carlos: *Die 15-Minuten-Stadt. Ein Konzept für lebenswerte Städte*, Berlin: Alexander Verlag, 2024. [Anm. d. Red.])

6 Transport for London: *New TfL data shows significant increase in walking and cycling since the pandemic started*, Transport for London, 14. Dezember 2020: https://tfl.gov.uk/info-for/media/press-releases/2020/december/new-tfl-data-shows-significant-increase-in-walking-and-cycling-since-the-pandemic-started

7 Ebd.

8 Mayor of London: *Mayor hails success of School Streets programme*, Mayor of London, 10. März 2022: https://www.london.gov.uk/press-releases/mayoral/mayor-hails-success-of-schools-streets-programme
9 Bosetti, Nicolas; Connelly, Kieran; Harding, Claire; Rowe, Denean: *Street Shift: The Future of Low-Traffic Neighbourhoods*, Centre for London, Juni 2022: https://www.centreforlondon.org/wp-content/uploads/2022/06/CFL-StreetShift-LTNs-Final.pdf
10 Transport for London: *New TfL data shows significant increase in walking and cycling since the pandemic started*, Transport for London, 14. Dezember 2020: https://tfl.gov.uk/info-for/media/press-releases/2020/december/new-tfl-data-shows-significant-increase-in-walking-and-cycling-since-the-pandemic-started
11 Carrington, Damian: »›Dramatic‹ plunge in London air pollution since 2016, report finds«, in: *The Guardian*, 3. Oktober 2020: https://www.theguardian.com/environment/2020/oct/03/dramatic-plunge-in-london-air-pollution-since-2016-report-finds
12 London Councils: *2020 Air Quality Public Polling* (https://www.londoncouncils.gov.uk).
13 Transport and Environment: *Nearly 9 in 10 Londoners want cars to give way to bikes, buses and walking to tackle urban air pollution*, Transport and Environment, 11. Juni 2020: https://www.transportenvironment.org/te-united-kingdom/articles/nearly-9-10-londoners-want-cars-give-way-bikes-buses-and-walking-tackle-urban-air-pollution

Hindernis 5: Feindseligkeit

1 Nixon, Richard Milhous: *The Great Silent Majority*, Fernsehansprache vom 3. November 1969, American Rhetoric: https://www.americanrhetoric.com/speeches/richardnixongreatsilentmajority.html
2 London Councils: *Londoners' views of climate change in 2021* (https://www.londoncouncils.gov.uk).
3 »Sunny day snowflake Britain had a meltdown«, in: *Daily Mail*, 19. Juli 2022, S. 1.
4 »Hot under the collar«, in: *Daily Mail*, 19. Juli 2022: https://www.pressreader.com/uk/daily-mail/20220719/281818582560094
5 Whale, James: »We need cool heads instead of the hot air«, in: *Daily Express*, 18. Juli 2022: https://www.express.co.uk/comment/expresscomment/1642262/heatwave-climate-change-schools-extinction-rebellion
6 O'Neill, Brendan: »The heatwave green hysteria is out of control«, in: *The Spectator*, 18. Juli 2022: https://www.spectator.co.uk/article/the-heatwave-green-hysteria-is-out-of-control

7 Redfield & Wilton Strategies Research Team: *Majority of Londoners Support Pedestrianisation of London, but Find Policies So Far Ineffective*, Redfield & Wilton Strategies, 21. Oktober 2020: https://redfieldandwiltonstrategies.com/majority-of-londoners-support-pedestrianisation-of-london-but-find-policies-so-far-ineffective

8 Scully, Emer: »London goes to WAR with Sadiq's ›illegal‹ road schemes: Residents in five boroughs take fight to High Court over cycle-friendly ›Low Traffic Neighbourhoods‹ set up in lockdown«, in: *Daily Mail*, 22. Januar 2021: https://www.dailymail.co.uk/news/article-9176891/London-goes-WAR-Sadiqs-illegal-road-schemes.html

9 Martin, Henry: »Low-traffic neighbourhoods make air pollution WORSE: Report reveals toxic nitrogen dioxide levels rose when council closed 11 south London streets«, in: *Daily Mail*, 6. Dezember 2020: https://www.dailymail.co.uk/news/article-9023187/Low-traffic-neighbourhoods-make-air- pollution-WORSE-report-reveals.html

10 Laker, Laura: »London mayoral election: which candidate is best for cycling?«, in: *The Guardian*, 4. Mai 2021: https://www.theguardian.com/environment/bike-blog/2021/may/04/london-mayoral-election-which-candidate-is-best-for-cycling

11 Lydall, Ross: »London Mayoral campaign: Sadiq Khan forced to hole-up inside coffee shop after protesters turn up at launch«, in: *Evening Standard*, 4. März 2021: https://www.standard.co.uk/news/mayor/sadiq-khan-cafe-london-mayoral-race-launch-shaun-bailey-b922137.html

12 Hackney Council: *Green Lanes Cycle Scheme*, Hackney Council: https://rebuildingagreenerhackney.commonplace.is/proposals/green-lanes-cycle-scheme

13 Siehe z. B.: https://www.dw.com/de/brexit-und-antisemitismus-spalten-labour-party/a-47564427 sowie https://www.spiegel.de/politik/ausland/jeremy-corbyn-oberrabbiner-erhebt-antisemitismus-vorwuerfe-gegen-labour-chef-a-1298334.html (Anm. d. Red.).

Hindernis 6: Kosten

1 Trust for London: *Life expectancy by London borough*, Trust for London: https://www.trustforlondon.org.uk/data/life-expectancy-borough

2 Willmoth, Hatty: »Kensington and Chelsea buys more SUVs than anywhere else in the UK«, in: *SWLondoner*, 25. Oktober 2021: https://www.swlondoner.co.uk/news/25102021-kensington-and-chelsea-buys-more-suvs-than-anywhere-else-in-the-uk

3 Jacobs UK Limited: *London-wide ULEZ and MTS Revision Baseline Report for ULEZ Scheme IIA and MTS IIA*, Document no. 03, Revision no. 01, Transport for London, 17. Mai 2022: https://haveyoursay.tfl.gov.uk/15619/widgets/44946/documents/27053

4 Williamson, Tim/Nunn, Joshua/Pearce, Helen: *Air Pollution and Inequalities in London: 2019 Update*, Logika Noise Air Quality Consultants, 12. Oktober 2021: https://www.london.gov.uk/sites/default/files/air_pollution_and_inequalities_in_london_2019_update_0.pdf

5 Office for National Statistics: *One in eight British households has no garden*, Office for National Statistics, 14. Mai 2020: https://www.ons.gov.uk/economy/environmentalaccounts/articles/

Hindernis 7: Stillstand

1 Hardin, Garrett: »The Tragedy of the Commons«, in: *Science* 162 (3859), 13. Dezember 1968 (S. 1243–1248): https://www.jstor.org/stable/1724745

2 Hale, Thomas/Held, David/Young, Kevin: *Gridlock: Why Global Cooperation Is Failing When We Need It Most,* Polity Press, Cambridge: 2013.

3 Gambino, Lauren: »Pittsburgh fires back at Trump: we stand with Paris, not you«, in: *The Guardian*, 1. Juni 2017: https://www.theguardian.com/us-news/2017/jun/01/pittsburgh-fires-back-trump-paris-agreement

4 UN News: »UN climate report a ›red alert‹ for the planet: Guterres«, in: *UN News*, 26. Februar 2021: https://news.un.org/en/story/2021/02/1085812

5 C40 Cities: *Ahead of COP26, Six Additional Cities Pledge to Divest From Fossil Fuel Companies and Invest in Climate Solutions*, C40 Cities, 26. Oktober 2021: https://www.c40.org/news/cop26-cities-divest-fossil-fuels-invest-solutions

6 More, Camilla/Swaby, Gabrielle S. A./Wangdi, Sonam P.: *Time to Redress the Globally Unjust Cost of Climate Change*, International Institute for Environment and Development, September 2019: https://pubs.iied.org/17726iied

7 UN Humanitarian: *Why the climate crisis is a humanitarian emergency*, The United Nations Office for the Coordination of Humanitarian Affairs (OCHA), 11. Dezember 2020: https://unocha.exposure.co/why-the-climate-crisis-is-a-humanitarian-emergency

8 Timperley, Jocelyn: »The broken $100-billion promise of climate finance – and how to fix it«, in: *Nature*, 20. Oktober 2021: https://www.nature.com/articles/d41586-021-02846-3

Fazit: Grün gewinnt

1 Mayor of London: *Ultra Low Emission Zone will be expanded London-wide*, Mayor of London, 25. November 2022: https://www.london.gov.uk/ultra-low-emission-zone-will-be-expanded-london-wide

2 C40 Cities: *30 of the world's largest and most influential cities have peaked greenhouse gas emissions*, C40 Cities, 8. Oktober 2019: https://www.

c40.org/news/30-of-the-world-s-largest-most-influential-cities-have-peaked-greenhouse-gas-emissions

3 Akehurst, Steve: »Why no climate culture war in the UK?«, in: *Strong Message Here*, 16. September 2021: https://strongmessagehere.substack.com/p/why-no-climate-culture-war-in-the

4 Arias-Granada, Yurani/Haque, Sabrina S./Joseph, George/Yanez-Pagans, Monica: *Water and Sanitation in Dhaka Slums: Access, Quality, and Informality in Service Provision*, World Bank Group, August 2018: https://documents1.worldbank.org/curated/en/607511534337128809/pdf/WPS8552.pdf

5 C40 Cities: »Cities100 2019: Recognition and inclusion of informal waste collectors reaps large benefits in Accra«, in: *C40 Knowledge*, Oktober 2019: https://www.c40knowledgehub.org/s/article/Cities100-Recognition-and-inclusion-of-informal-waste-collectors-reaps-large-benefits-in-Accra?language=en_US

6 Mayor of London: *Pathways to Net Zero Carbon by 2030*, Mayor of London: https://www.london.gov.uk/what-we-do/environment/climate-change/zero-carbon-london/pathways-net-zero-carbon-2030

Über den Autor

Sadiq Khan ist Bürgermeister von London. Geboren und aufgewachsen im Londoner Ortsteil Tooting, begann er seine Laufbahn als Menschenrechtsanwalt, bevor er 2005 als Parlamentsabgeordneter ins britische Unterhaus gewählt wurde. Als ehemaliger Minister des Kabinetts entwickelte Khan ein leidenschaftliches Interesse für den Klimawandel, nachdem er im Zuge seines Trainings für den London Marathon 2014 an Asthma erkrankte. Seither ist es seine Mission, London zu einer grüneren und gesünderen Metropole zu machen.

2016 wurde er zum Bürgermeister gewählt, 2021 im Amt bestätigt und 2024 für eine historische dritte Amtszeit wiedergewählt – dabei war es ihm als erstem Amtsinhaber in der Geschichte des Londoner Bürgermeisteramts überhaupt gelungen, sowohl seinen Stimmenvorsprung auszubauen als auch einen Wählerumschwung zu seinen Gunsten zu erzielen. Sein erdrutschartiger Sieg wurde größtenteils als Anerkennung für seine weltweit führende Klimapolitik gewertet. Nach wie vor hat er das größte Einzelmandat aller gewählten Politiker des Vereinigten Königreichs inne – und damit auch eines der größten innerhalb Europas. Heute wird die Stadt London in aller Welt für ihre Vorreiterrolle im Kampf gegen den Klimanotstand und die Luftverschmutzung geschätzt.

Sadiq Khan ist verheiratet, hat zwei Kinder und lebt noch immer in Tooting, dem seiner Meinung nach besten Teil der besten Stadt der Welt.

ANDREAS KNIE

Wo kommen bloß die vielen Autos her und wie werden wir sie wieder los?

Durch die Massenmotorisierung verliert das Auto nicht nur seine Attraktivität, sondern auch seine Funktion. Immer mehr Staus und eine marode Infrastruktur machen die »freie Fahrt für freie Bürger« zunehmend beschwerlich. Darüber hinaus stellt das Auto eine erhebliche Belastung für Mensch und Umwelt dar. Aber was brauchen wir für eine funktionierende Verkehrswende? Reicht ein Gesinnungswandel? Welche politischen Hebel gibt es? Und welche Folgen hätte die mobile Wende für die Gesellschaft? Der Mobilitätsforscher Andreas Knie hat Antworten.

»Seinen klugen und differenzierten Argumenten kann man sich schwer entziehen.« Karsten Zimalla, *Westzeit*

Hermann Knoflacher
VIRUS AUTO 4.0
Lebensraum
für Mensch und Natur
in Stadt und Land
»Mobilitäts-
wende jetzt –
das Auto raus
aus den Köpfen!«
Katja Diehl

HERMANN KNOFLACHER

Virus Auto 4.0

Lebensraum für Mensch und Natur in Stadt und Land

Der österreichische Verkehrsexperte Hermann Knoflacher analysiert und beschreibt die Fehlentwicklungen unserer vom »Virus Auto« befallenen Gesellschaft und zeigt auf, wie die autogerechte Planung zur Zerstörung sozialer, urbaner und ländlicher Strukturen geführt hat. Trotz der enormen Umweltschäden und hohen Unfallzahlen wachsen Jahr für Jahr die Autobahnlandschaften, steigen die Belastungen durch Abgase und Lärm, so dass sich die Frage stellt, warum der Mensch sein Verhalten nicht ändert.

»Knoflacher erklärt ebenso klug wie kurzweilig, warum Stadt und Land nicht mehr für ihre Einwohner optimiert sind wie einst, sondern für den Autoverkehr. ›Der Autofahrer unterscheidet sich vom Menschen grundlegend‹, lautet seine These, die überraschend plausibel wird, wenn er beschreibt, wie das ›Virus Auto‹ den Verstand befällt. Stadt und Verkehrsplaner gibt es viele, aber nur Wenige denken so scharf und so weit wie er.«

Stefan Jacobs, *Der Tagesspiegel*

CARLOS MORENO
DIE 15-MINUTEN-STADT
Ein Konzept für lebenswerte Städte
Gutes Essen
Lernen
Arbeiten
Teilen und wiederverwenden
Sport treiben
Zuhause
Unterwegs sein
Ärztliche Versorgung
Sich bilden und engagieren
Sich erholen
Einkaufen
Alexander Verlag Berlin

CARLOS MORENO

Die 15-Minuten-Stadt

Ein Konzept für lebenswerte Städte

Weltweit wachsen Städte immer schneller – und damit auch die Probleme, die mit schlechter Planung einhergehen. Dazu gehören soziale Ungleichheit und Ausgrenzung, ein überlastetes Verkehrsnetz, Smog und entsprechende Schäden für Gesundheit und Umwelt. Um Städte nachhaltiger, gesünder und gerechter zu machen, müssen wir sie neu denken. Eines der meistdiskutierten stadtplanerischen Konzepte ist die »15-Minuten-Stadt«, das der französisch-kolumbianische Stadtforscher Carlos Moreno entwickelt hat. In der Stadt der kurzen Wege soll es den Bewohnern möglich sein, innerhalb kürzester Zeit zu Arbeitsstätte, Wohnung und Freizeitmöglichkeiten zu gelangen.

»Wenn man dieses Buch liest, wird deutlich, wie viele Dimensionen die Idee [der 15MinutenStadt] hat… Das Konzept hat auch soziale und politische Implikationen; es geht Moreno um wirtschaftliche Gerechtigkeit, um Teilhabe…«
Susanne Billig, *Deutschlandfunk Kultur*

www.alexander-verlag.com